宁波市美丽宁波建设工作领导小组办公室 编著

山海比邻 和谐共生
——宁波市生物多样性保护

图书在版编目（CIP）数据

山海比邻　和谐共生：宁波市生物多样性保护/宁波市美丽宁波建设工作领导小组办公室编著．—宁波：宁波出版社，2024.7.— ISBN 978-7-5526-5445-5

Ⅰ．X176

中国国家版本馆 CIP 数据核字第 2024XT2675 号

山海比邻　和谐共生——宁波市生物多样性保护

宁波市美丽宁波建设工作领导小组办公室　编著

责任编辑	陈金霞
助理编辑	李韵柯
责任校对	谢路漫
装帧设计	金字斋
出版发行	宁波出版社
	（宁波市甬江大道1号宁波书城8号楼6楼　315040）
印　　刷	宁波白云印刷有限公司
开　　本	889mm×1194mm　1/16
印　　张	11.75
字　　数	220千
版　　次	2024年7月第1版
印　　次	2024年7月第1次印刷
标准书号	ISBN 978-7-5526-5445-5
定　　价	268.00元

如发现缺页或倒装，影响阅读，请与以下单位联系调换。

电话：0574-87248279（出版社）

　　　0574-87328764（印刷厂）

《山海比邻　和谐共生 —— 宁波市生物多样性保护》编委会

主　任：林伟明

副主任：吕唤春　翁劲草

成　员：涂金珠　徐洲洲　洪建兵　周道历　陆子川　薛　琦
　　　　汪伟华　包薇红　胡丹晖　周慧凝　鲁　峥

《山海比邻　和谐共生 —— 宁波市生物多样性保护》编写组

主　编：张　骞　张　媛　李　红

副主编：胡丹晖　孙帅杰　张　帆　方增冰　郑佳飞

编著者：张世泓　王庆君　王　涛　霍张玲　甘静静　张晓玲
　　　　施建庆　方亦午　商侃侃　陆祎玮　吴晓丽　丁　鹏
　　　　周一倩　马婕妤　王旻昊　焦睿超　汪聪聪　费军翔
　　　　林峤涵　王齐豪　刘金鑫　蒋中杰　黄佳璐　吕雨林
　　　　项馨仪　蒋凯文　项巾娑　李俊龙　李博恒　陈炳铮
　　　　陈浩骏　刘南忆　彭宇潋　邹骏华　田俊奇　刘一淼
　　　　朱垚龙　闫永行

参编单位
宁波市生态环境科学研究院
宁波海洋研究院
宁波市甬环苑环保工程科技有限公司

杭州湾 国家湿地公园

象山花岙岛
国家海洋公园

序

宁波市地处东海之滨，位于天台山脉与四明山脉两翼钳夹的浙东沿海平原，宁波辖区内海岸曲折、港湾纵深、河网发达，是浙江乃至全国少有的兼具山水林田岛、江河湖海湾等生态要素的滨海大都市，独特完整的生态系统孕育了多姿多彩的万千生灵。在全球气候变化和人类活动对自然环境影响日益显著的今天，保护生物多样性已成为全社会共同关注的重要课题。作为一个经济高质量发展的制造业强市，如何在现代化进程中有效保护和利用生物多样性资源，成为我们面临的重大挑战和责任。

近年来，宁波市坚定不移打好"生态牌"、走好"绿色路"、绘好"美丽篇"，一以贯之推进生物多样性保护工作。早在1989年就颁布实施了第一部地方性法规《宁波市象山港水产资源保护条例》，开启了象山港水产资源保护和合理利用之路；2007年《宁波市韭山列岛海洋生态自然保护区条例》颁布实施，使得韭山列岛保护区成为全国首个拥有地方性保护条例的自然保护区。2015年宁波市在全省率先划定生态保护红线，之后又深化融合"三区三线"国土空间规划成果，把类型丰富、功能多样的各级各类自然保护地纳入管控范畴，整合优化"1个自然保护区+23个自然公园"自然保护地体系，涵盖"两山两湾一港一湖"六大生态板块。同时，花岙岛生态岛礁建设、梅山湾蓝色海湾整治全面完成，逐步实现了"美丽海岛、生态岛礁、绿色海岸"的海洋生态文明建设目标。全域推进生物多样性本底调查，率先建成涵盖城市、湿地、森林、海洋等多种生境的1+4+X全域生物多样性观测体系，牵头成立甬舟台温海洋生物多样性保护联盟。全国首个生物多样性友好乡镇龙观乡在国际上积极发声，中华凤头燕鸥和抹香鲸保护的故事在联合国《生物多样性公约》缔约方大会第十五次会议（COP15）上展播，中华凤头燕鸥保护获得国际野生生物保护学会最高奖项"野生动植物卫士奖——先锋卫士"，镇海炼化白鹭园成为浙江省唯一入选全球企业生物多样性保护案例。

《山海比邻 和谐共生——宁波市生物多样性保护》旨在系统概述宁波市生物多样性保护成效，涵盖生态系统多样性、物种多样性、遗传多样性，以及生物多样性体验地、生物多样性观测网络、生物多样性保护重大工程等内容。本书将宁波市丰富多彩的生态系统和各类生物物种描绘得栩栩如生，把读者带入了宁波市的山川河流、森林湿地、海洋岛屿之中。书中的文字不仅科学严谨，还兼具文学美感，无论是微观世界中的小生灵，还是宏观生态系统的整体风貌，都展现出了编写组对自然万物的深切热爱。本书不仅是对宁波市自然环境的一次全景式展示，更是对保护生态、促进可持续发展的呼吁和倡导。

保护生物多样性是一项长期而艰巨的任务，任重而道远。2024年，宁波市对话国际平台，以全球环境基金项目为载体，加快编制《宁波市生物多样性保护战略和行动计划》，高标定位开展生物多样性保护工作，致力于把自然搬进城市。衷心希望本书能够引起广大读者对生物多样性保护的关注和重视。让我们共同努力，携手并肩，守护这片美丽的土地，保护珍贵的生物多样性资源，为建设生态文明、美丽宁波贡献力量。

宁波市生态环境局党组书记、局长 林伟明

目 录

第一章　枕山滨海　拥江揽湖
　　　　走进宁波 1

第二章　山峦林草　湿地海岛
　　　　生态系统多样性 11

　　　第一节　海洋生态系统 ……… 13　　第二节　森林生态系统 ……… 31
　　　第三节　河湖湿地生态系统 … 47　　第四节　城市生态系统 ……… 57

第三章　生物之美　万物之态
　　　　物种多样性 67

　　　第一节　植物 …………………… 68　　第二节　陆生哺乳动物 ……… 79
　　　第三节　鸟类 …………………… 86　　第四节　两栖、爬行动物 …… 109
　　　第五节　昆虫 …………………… 116　　第六节　大型真菌 …………… 121
　　　第七节　内陆水生生物 ………… 123　　第八节　海洋生物 …………… 126

第四章　壮阔万代　弦歌不辍
　　　　遗传多样性 137

　　　第一节　农作物 ………………… 138　　第二节　畜禽类 ……………… 142
　　　第三节　水产 …………………… 145

contents

第五章　**多彩生物　多样生活**
　　　　生物多样性体验地建设 ··· 149

第六章　**和谐共生　大美宁波**
　　　　生物多样性保护重大工程 ··· 161

第七章　**砥砺深耕　奋楫笃行**
　　　　展望未来 ·· 169

第一章

枕山滨海
拥江揽湖

走 进 宁 波

宁波,简称"甬",古称"明州",位于浙东低丘陵东北部,地处我国海岸线中段,长江三角洲南翼。东有舟山群岛为天然屏障,北濒杭州湾,西接绍兴的嵊州、上虞,南临三门湾,并与台州的三门、天台相连。全境地势以平原丘陵为主,属亚热带季风气候,温和湿润,四季分明。全市市域行政辖区 17661 平方公里,其中陆域面积 9816 平方公里,海域面积 7845 平方公里。

拥江揽湖 ｜ 河湖纵横

境内河流多发源于西南群山，终于东海，水系自成一体。甬江、姚江、奉化江等横贯全境，大小川流计四千余条，河网如织，纵横交错。东钱湖、九龙湖、四明湖等湖泊星罗棋布、江湖通达，孕育出独特的水系格局和丰富的水生态景观。西部天然群岭为障，将宁波与绍兴、嵊州水系相分隔，南部与三门隔海相望，形成了相对独立完整的流域结构和自然生态系统。

森林覆盖｜湿地广布

宁波属常绿阔叶林地带，共有森林面积665万亩。森林覆盖率48%左右，主要分布在四明山、天台山余脉山地，自西向东依次有针叶林、阔叶林、栽培植物和滨海植被。湿地资源丰富，湿地总面积居浙江省前列，保有量74.55万亩，保护率66%。湿地类型多样，分布有近海与海岸湿地、河流湿地、湖泊湿地、沼泽湿地和人工湿地等，杭州湾、余姚四明湖、杭州湾河口海岸镇海段等入选国家级或省级湿地名录。

港湾众多 ｜ 海岛棋布

宁波北濒杭州湾，东临舟山群岛，全市海域总面积约7845平方公里，由横水洋、崎头洋、磨盘洋、大目洋、猫头洋"五洋"和杭州湾、象山港、三门湾"两湾一港"构成，沿海滩涂面积448平方公里，占浙江省的36%左右。岛屿数量众多，共有海岛611个，总面积为277.2平方公里，拥有丰富的海洋历史文化遗迹和浓厚的渔家风情。

安全屏障 | 守护生态

宁波位于中国大陆海岸线中段,生态优势突出,在浙东乃至长三角地区对生态服务功能十分重要。目前宁波划定海洋生态保护红线 2916.61 平方公里,占全市海域总面积的 37.27%;划定陆域生态保护红线 1511.88 平方公里,占全市陆域面积的 16.37%;建有省级以上自然保护地 24 处,面积约 1083 平方公里,其中国家级自然保护区 1 个、省级以上自然保护地 23 个,国家级生物多样性重点保护区域包括杭州湾国家级湿地公园、韭山列岛国家级自然保护区和渔山列岛国家级海洋生态特别保护区以及象山港马鲛鱼国家级种质资源保护区。

生物多样 | 万物和谐

宁波自然环境得天独厚,孕育了丰富的生物多样性。植物种类繁多,已知有野生植物 2186 种,其中被列入国家重点保护的野生植物 51 种。野生动物资源丰富,有陆生脊椎动物 572 种,其中被列入国家重点保护的 112 种。国家一级重点保护陆生野生动物有中华凤头燕鸥、白颈长尾雉、中华秋沙鸭、卷羽鹈鹕、小灵猫等,国家二级重点保护陆生野生动物有獐、貉、鸳鸯等。

中华凤头燕鸥
Thalasseus bernsteini
国家一级

第二章

山峦林草
湿地海岛

生态系统多样性

宁波依山傍海，拥有山海交融的自然生态环境。"五山一水四分田"的自然生态格局及典型的"亚热带季风气候"，赋予了宁波丰富的自然资源、独特的地域生物多样性、良好的生态环境和优越的生态底蕴，也孕育了数量众多、类型丰富、功能多样的各类自然生态系统。

宁波生态系统多样且稳定，有森林、湿地等陆地生态系统和海岸带、岛屿、河口、近海等海洋生态系统，也有农田、城镇等人工生态系统。其中，海域面积7845平方公里，占市域面积的40%以上；湿地总面积23.17万公顷，居全省第一，吸引了全球极危物种中华凤头燕鸥、世界濒危物种黑脸琵鹭等一大批珍稀濒危物种栖息于此。

第一节
海洋生态系统

　　宁波伴海而生、依港而兴,地处长江三角洲南翼,北濒杭州湾,东临舟山群岛,全市海域面积7845平方公里,由横水洋、峙头洋、磨盘洋、大目洋、猫头洋"五洋"和杭州湾、象山港、三门湾"两湾一港"构成,沿海滩涂面积448平方公里,占浙江省的36%左右。共有海岛611个,海岸线总长1678公里,约占全省海岸线的1/4,其中大陆岸线833.15公里❶。海湾数量众多,分布有象山港、铁港、涂茨湾等大小海湾66个,其中大陆沿岸海湾11个,海岛海湾55个。各类滩涂、海岛、海湾生态类型丰富,生物物种繁多,是生物多样性保护的重要区域。

---

❶ 数据来源:《宁波市湿地保护修复工程规划(2021—2025年)》

象山韭山列岛国家级自然保护区

韭山列岛国家级自然保护区位于象山县韭山列岛及周边海域，面积达462.87平方公里，主要保护对象为大黄鱼、曼氏无针乌贼、江豚，以及以中华凤头燕鸥为主的繁殖鸟类及相关的海洋岛礁生态系统。自然保护区设立以来，区内大黄鱼和曼氏无针乌贼的资源开始出现恢复迹象，并在该海域多次发现欧亚水獭、东亚江豚等国家二级重点保护动物。目前，保护区内已监测到鸟类108种。

2013年3月，自然保护区联合浙江自然博物院、美国俄勒冈州立大学在铁墩岛上开展了极危鸟类中华凤头燕鸥监测与招引项目，这是国内首个人工引导干预鸟类选择繁殖地试验，以重建并复壮中华凤头燕鸥和大凤头燕鸥的繁殖种群。目前，"神话之鸟"中华凤头燕鸥种群正在有效恢复并不断壮大，象山韭山列岛的鸟岛（中铁墩屿）也成为世界上最大、最重要的中华凤头燕鸥繁育地。

人工招引的中华凤头燕鸥和大凤头燕鸥繁殖群成功繁殖逐渐离岛

岩礁生物群落

中华凤头燕鸥
Thalasseus bernsteini
国家一级

大凤头燕鸥
Thalasseus bergii
国家二级

绿侧花海葵 *Authopleura midori*	小结节滨螺 *Echinolittorina radiata*	日本笠藤壶 *Tetraclita japonica*
纵条矾海葵 *Diadumene lineata*	长腕寄居蟹 *Pagurus geminus*	奇异海蟑螂 *Ligia exotica*
	肉球近方蟹 *Hemigrapsus sanguineus*	荔枝螺卵群 *Thais sp.*

渔山列岛国家级海洋生态特别保护区

浙江渔山列岛国家级海洋公园位于象山县渔山列岛及周边海域，面积达62.67平方公里。渔山列岛由13岛41礁组成，其中岛礁面积约2平方公里。2008年8月，国家海洋局批准建立渔山列岛国家级海洋生态特别保护区，保护区总面积57平方公里，主要保护丰富的海洋资源、独特的列岛海蚀地貌和领海基点伏虎礁。

渔山列岛海洋生态特别保护区重点保护的生物对象是贝类和藻类。渔山列岛是宁波市大型海藻集聚分布的典型区域，厚壳贻贝和条纹隔贻贝等也久负盛名。据调查，渔山海域有浮游植物135种，浮游动物65种，底栖生物119种。渔山列岛还享有"亚洲第一钓场"的美誉，主要生活着石斑鱼、真鲷、黑鲷、黄鳍鲷、石鲷、黑毛、鲈鱼、褐菖鲉等多种名贵鱼种。

东方多彩海牛
Chromodoris orientalis

青高海牛
Hypselodoris festiva

树状枝鳃海牛
Dendrodoris arborescens

龟足
Capitulum mitella

蓝绿细螯寄居蟹
Clibanarius virescens

粒花冠小月螺
Lunella coronata granulata

穗软珊瑚
Lemnalia sp.

铜藻
Sargassum horneri

猩红筒星珊瑚
Tubastraea coccinea

短翼珍珠贝
Pteria brevialata

篦额尖额蟹
Rhynchoplax messorStimpson

日本岩瓷蟹
Petrolisthes japonicus

象山花岙岛国家级海洋公园

象山花岙岛国家级海洋公园是全省首个海岛地质公园,是《中国国家地理》推荐地,位于"北纬30度最美海岸线"最南端的象山高塘岛乡,面积达980公顷。这里有国内罕见的海岸、海蚀海积地貌,有世界三大之一的火山岩原生地貌,是自然生态、人文景观极其丰富的综合性地质遗迹公园。

大量火山岩浆冷却后,形成六边或五边柱状的暗色石柱,沿着海岸有序地排列着,延绵几公里。这种火山岩地貌、海蚀地貌很罕见,近看层层叠叠的石柱大小不一,远看石柱如同高低错落的栅栏,所以又叫作"海上石林"。岛上还有月牙形的清水湾砾石滩、仙子洞海蚀穴、蜈蚣洞海蚀穴等海蚀海积地貌景观。岛上峰峻石怪,岩奇洞幽,千岛缀洋,万柱涌动,气势雄伟壮观,堪称"世界奇景"。

象山港蓝点马鲛国家级水产种质资源保护区

象山港蓝点马鲛国家级水产种质资源保护区于2010年11月获农业部批复,位于被誉为"国家级大鱼池"的宁波市象山港内。保护区批复的总面积为39176公顷,其中核心区面积为18750公顷,实验区面积为34600公顷,特别保护期为每年3月1日—7月31日。保护区主要保护对象是蓝点马鲛,其他保护对象包括银鲳、大黄鱼、小黄鱼、黄姑鱼、黑鲷等。象山港是东海区域蓝点马鲛的主要繁殖场之一,每年清明前10天左右蓝点马鲛鱼从舟山海域进入象山港,亲鱼洄游入港后性腺成熟,并产卵产精完成体外受精。受精卵发育形成的仔鱼、稚鱼以摄食其他鱼的仔鱼或其同类为食,在象山港生长。7月上旬象山港内水温上升到25度以上时,大部分马鲛鱼亲鱼和幼鱼都向外海洄游,称为摄食洄游,小部分马鲛鱼在港内生活生长。

马鲛鱼鱼苗

马鲛鱼鱼苗摄食

蓝点马鲛鱼外形

杭州湾国家湿地公园

杭州湾国家湿地公园位于杭州湾跨海大桥南岸西侧,总面积63.8平方公里,属于典型的海岸湿地生态系统,是由全球环境基金(GEF)和世界银行合作支持下东亚海洋陆源污染消减基金的第一个项目,是集湿地恢复、湿地研究和环境教育于一体的湿地生态保护和旅游区。湿地公园以其良好的生态保护与自然教育功能相结合,陆续获得国家综合性示范实践基地、中国生态保护最佳湿地、浙江十大"最美湿地"、浙江省科普教育基地、浙江省自然教育学校(基地)等荣誉称号。

由于杭州湾湿地地处河流与海洋的交汇区,是我国东部大陆海岸冬季水鸟最富集的地区之一,也是东亚—澳大利西亚候鸟迁徙路线中的重要驿站和世界濒危物种黑嘴鸥、黑脸琵鹭和卷羽鹈鹕的重要越冬地与迁徙停歇地,它的生态区位十分重要。

杭州湾湿地观测到的鸟类的数量和品种逐年增加,从最初的220种增加到目前的303种,其中记录列入IUCN红色名录的受威胁鸟类共21种、国家重点保护野生动物名录的鸟类有62种。湿地定期栖息有2万只以上的水禽,共有12种水鸟记录种群数量超过1%地理种群标准。全球总量不足150只的卷羽鹈鹕东亚种群,2016年12月份就记录到65只个体,且停留时间超过1个月。除此之外,杭州湾湿地公园还记录了浙江省所拥有的白鹤、白头鹤、白枕鹤、灰鹤4种鹤类,以及全球极危物种勺嘴鹬、国家一级重点保护鸟类东方白鹳等珍稀濒危鸟类。

梅山湾"蓝色海湾"

梅山湾位于象山港口、北仑区梅山岛与穿山半岛西南部之间，梅山水道南部，北临春晓街道，南濒梅山岛南部。梅山湾海湾南北长11.5公里，环线总长25公里，总面积约7.25平方公里，区域内有海岛、海湾、滨海盐沼等典型生态系统，具备山体、森林、盐沼、河流水系以及海洋、群岛等多元自然生态要素，具有明显的盐淡水生态系统特征。

奉化缸爿山岛海岸湿地

奉化缸爿山岛海岸湿地位于象山港，属于浅海水域岩石性海岸，范围面积约274公顷，其中湿地面积74公顷，主要保护对象为耐水涝、抗风强的野生海滨木槿群落。

杭州湾河口海岸余姚段湿地

杭州湾河口海岸余姚段湿地位于余姚市域内钱塘江河口海岸，含浅海水域、潮间淤泥海滩、河口水域等，范围面积12630公顷，保护重点为河口湾湿地生态系统和河口鱼类、珍稀濒危水鸟栖息、越冬与繁殖的重要场所以及国际候鸟迁徙停歇的重要驿站，是鱼类、水鸟等物种的重要繁殖地或迁徙越冬地。

杭州湾河口海岸镇海段湿地

杭州湾河口海岸镇海段湿地分布于镇海区东南部的海岸，范围面积9407公顷，具有丰富的动植物资源。良好的生态环境吸引了大量的鸟类在这里栖息繁殖，是多种冬候鸟在浙江的主要越冬地和多种候鸟迁徙的重要驿站，也是浙江海岸湿地水鸟资源最集中的地区。河口鱼类丰富，盛产鳗鱼苗。杭州湾河口海岸镇海段湿地是多种降海性洄游鱼类产卵生活的场所，其主要保护对象为河口和海湾湿地生态系统以及涌潮景观。

第二节
森林生态系统

　　森林生态系统是宁波陆上最具生物多样性的生态系统,孕育了丰富的生物资源。宁波属常绿阔叶林地带,共有森林面积665.01万亩,活立木蓄积量1954万立方米。近年来,宁波市先后实施了沿海防护林建设、平原绿化、省百万亩国土绿化等行动,平原地区林木绿化率超过20%,沿海防护林基本实现合拢。宁波森林主要分布在西南部四明山、天台山山脉,自西向东依次有针叶林、阔叶林、栽培植物和滨海植被,陆上植被以马尾松、黄山松、枫香、青冈、木荷、苦槠等为主。四明山国家森林公园是全市平均海拔最高、林分质量最优、森林资源最丰富、生态环境最优美的国家级森林公园,是宁波地区的生态屏障和浙东最大的"绿肺"。

天童国家森林公园

  天童国家森林公园位于宁波市鄞州区的太白山麓,占地349公顷,是浙江省建立的第一座森林公园。公园以寺庙、森林、奇石、怪洞、云海、晚霞著称,形成古刹、丛林两大特色,既是游览胜地,也是植物生态学的科普教育基地。公园三面环山,主峰太白山海拔约653.3米,园内平均海拔约300米。1997年3月,天童国家森林公园经原国家林业局批准为国家级森林公园。

  园内生物多样,堪称物种"基因库",有植物上千种,其中包括金钱松、榧树、浙江楠、花榈木、香果树、天目木兰、舟山新木姜子、天竺桂、榉树、银杏、鹅掌楸等国家重点保护野生植物。园内有鹗、凤头鹰、林雕、普通鵟、领角鸮、画眉等国家重点保护野生动物。在天童,共记录宁波鸟类新纪录两条,分别为黑眉拟啄木鸟和褐林鸮。

天目玉兰
Yulania amoena
国家二级

金钱松
Pseudolarix amabilis
国家二级

鹗
Pandion haliaetus
国家二级

画眉
Garrulax canorus
国家二级

花榈木
Ormosia henryi
国家二级

四明山国家森林公园

四明山国家森林公园处于层峦叠嶂、山奇水秀的四明山腹地，2003年12月，经原国家林业局批准建立四明山国家森林公园。这个浙东地区海拔最高、面积最大的森林公园，森林覆盖率达96%。四明主峰——扑船山海拔达1020米，坐落在公园的最南端。林区内古木参天，千峰竞翠，湖泊连绵，奇岩众多，生态旅游独具风采。

森林公园内物种丰富，有植物近千种，动物百余种。其中有国家一级保护植物南方红豆杉，国家二级保护植物金钱松、榧树、长序榆、榉树、野大豆、七子花等。野生哺乳动物主要有獐、野猪、赤腹松鼠、猪獾、黄鼬等，鸟类主要有白颈长尾雉、画眉、白胸翡翠、赤腹鹰等，两栖、爬行动物主要有虎纹蛙、中国雨蛙、王锦蛇、宁波滑蜥等。

白颈长尾雉
Syrmaticus ellioti
国家一级

七子花
Heptacodium miconioides
国家二级

白胸翡翠
Halcyon smyrnensis
国家二级

中国雨蛙
Hyla chinensis

双峰国家森林公园

双峰国家森林公园位于宁波市宁海县，距城区30公里。公园于2003年经原国家林业局批准设立，总面积2281.41公顷，包括宁海县五山林场的双峰林区、双峰乡和岔路镇部分村集体山林。园内森林覆盖率达92.6%，最高峰坪头山海拔735.2米，空气中富含高浓度的负氧离子及树木散发出的具有杀菌作用的树脂芳香精华，为天然的"氧吧"和"森林浴场"。园内森林植被以天然常绿阔叶林为主，分布面积7500亩，其面积之大、保存之完好，为浙东沿海地区所少见，被评为"浙江最美森林"。

黄贤省级森林公园

黄贤省级森林公园是全省首个以村为单位的森林公园,位于奉化区裘村镇黄贤村,属中亚热带常绿阔叶林地带北部亚地带,浙闽山丘甜槠木荷林植被区。当地的地带性森林植被为中亚热带常绿阔叶林,兼有落叶阔叶林和常绿落叶阔叶混交林,森林覆盖率为79.14%。现有植被为常绿阔叶林、针阔混交林、果木经济林、茶园及竹林,以青冈、石栎等壳斗科树种为主的常绿阔叶林最多,主要分布在东祠庙及黄贤湖周边。

该森林公园是浙东丘陵植物种类保留较多的地带之一。园中国家重点保护植物有银杏、水杉、榉树、鹅掌楸、厚朴等。同时,园内有野生动物近百种,较著名者有黄胸鹀、画眉、中华蟾蜍、黑线姬鼠等。

黄胸鹀
Emberiza aureola
国家一级

瑞岩寺省级森林公园

瑞岩寺省级森林公园位于北仑区柴桥街道，总面积431.46公顷。森林公园由于处于太白山、东搬山和九峰山交接的深山密林处，树木高耸挺拔，遮天蔽日，景色很是壮观，三条小溪汇入瑞岩水库，形成了近300万立方米的"高峡平湖"。

森林公园内有国家保护野生动物30种以上，其中国家一级保护动物镇海棘螈为瑞岩寺一带所特有。

镇海棘螈
Echinotriton chinhaiensis
国家一级

金峨山省级森林公园

金峨山省级森林公园位于奉化区西坞街道东南部,总面积171.67公顷。公园地处天台山脉支脉,属亚热带季风性气候区。公园内地带性植被属于亚热带常绿阔叶林北部亚地带,以次生林和人工林为主,森林覆盖率在90%以上。

桃花溪省级森林公园

桃花溪省级森林公园位于宁海县东海云顶（茶山林场）内，距县城19公里。公园设立于2005年，总面积1565公顷，其中天然林563公顷，森林覆盖率达92.93%，主要由茶山、彭坑、岭脚三个林区组成。最高峰摩柱峰海拔872.6米，被人们称为"东海云顶,寰中绝胜"。桃花溪为该公园的核心景区，面积500公顷以上。公园内森林资源丰富,潭、瀑、峰、峦、壁、竹、木等景观齐全。

南溪省级森林公园

南溪省级森林公园位于宁海县城西北深甽镇天明山幽谷中,地处中亚热带,占地面积6.21平方公里,以常绿阔叶林占主导地位的森林植物群落,构成了风景区四季常青的基本植物景观。长期的封山护林,形成了以青冈、石栎、木荷等树种为主的次生常绿阔叶林。

溪口雪窦山国家级风景名胜区

溪口雪窦山国家级风景名胜区位于奉化区溪口镇,国家5A级旅游景区。雪窦山位于溪口镇西北,为四明山支脉的最高峰,海拔800米,有"海上蓬莱,陆上天台"之美誉。风景名胜区全境85.3平方公里,其中风景区范围54.8平方公里,风景区外围保护地带面积30.5平方公里。雪窦山森林资源丰富,植物种类繁多,森林覆盖率在90%以上。

区内拥有全球最高的坐姿露天弥勒大佛与弥勒道场雪窦寺、雪窦山三隐潭、全国重点文物保护单位蒋母墓园及蒋介石妙高台别墅、中国现代最早旅行机构之一雪窦山中国旅行社招待所旧址等旅游观光资源。森林、高瀑、苍崖三大自然资源,与民国历史、佛教文化所构成的多属性旅游文化,为江浙地区国家森林公园所罕有。

五龙潭省级风景名胜区

五龙潭省级风景名胜区位于宁波市海曙区龙观乡，距市区约35公里，是一处以自然风光为依托，以中华"龙"文化、浙东山乡风情、民俗民风为文化内涵，以溪流飞瀑、怪石险峰为特色的风景名胜区，总面积2495.14公顷，属山地型旅游区。区内群山环抱，峰峦挺拔，悬崖耸立，溪谷幽深，地形变化丰富。景区以"山奇""水秀""谷幽"为特色，集游览观光、休闲度假、礼佛朝圣、山地健身功能于一体。自2000年开发建设以来，景区已在社会上形成了一定的知名度和美誉度，相继被评为国家4A级旅游区，省级风景名胜区和宁波市旅游景区十佳诚信单位、市文明景区等。

第三节
河湖湿地生态系统

宁波市境内河流多发源于西南群山,终于东海,水系自成一体。甬江、姚江、奉化江等横贯全境,大小川流四千余条,河网如织,纵横交错;东钱湖、九龙湖、四明湖等湖泊星罗棋布、江湖通达,孕育出独特的水系格局和丰富的水生态景观。西部天然群岭为障,将宁波与绍兴、嵊州水系相分隔,南部与三门隔海相望,形成了相对独立完整的流域结构和自然生态系统。全市河湖湿地约占全市各类湿地总面积的5%,种类以湖泊湿地、河流湿地为主,其中省级湿地公园2个(九龙湖省级湿地公园、四明湖省级湿地公园)。河湖湿地具有维护生物多样性、调节气候、蓄洪防旱、净化水质和保护水源等多重生态功能,并兼具重要的经济效益和教育科研、旅游观光等社会效益,是重要的自然环境资源。

四明湖省级湿地公园

四明湖省级湿地公园面积1414.95公顷,位于余姚市"母亲河"姚江上游。湿地类型为内陆滩涂,以余姚市饮用水源地(四明湖水库)为主体,是余姚市重要的生态屏障和饮用水源地,在保持和调节流域径流和水源涵养能力,提供优质饮用水资源,维护湿地生物多样性等方面起着重要作用。湿地位于国际候鸟迁徙通道,是候鸟迁徙重要的停歇地。

四明湖湿地动植物资源十分丰富,是水鸟栖息、繁育的理想场所,有青头潜鸭、鸳鸯、小䴙䴘、绿头鸭、白鹭、中白鹭、苍鹭、夜鹭等。

九龙湖省级湿地公园

九龙湖省级湿地公园位于镇海区西北部九龙湖旅游度假区内,总面积约578公顷,是典型的库塘湿地生态系统。独特的湿地生态环境,造就了丰富的珍稀动植物资源。景区生态环境良好,森林覆盖率高,是名副其实的"天然氧吧",有着丰富的生物、地貌、天象及水文景观资源。景区内湖光山色明秀多姿,水乡田园如诗如画,地域文化底蕴深厚,具有自然古朴、野趣浓郁的特色。

余姚牟山湖湿地

余姚牟山湖湿地位于余姚市牟山镇,为宁波市第二大海岸型淡水湖,属于省内稀有的湿地类型,面积277.61公顷。该湿地的主要保护对象为海岸型淡水湖生态系统,包括各种水生生物及白鹭为主的鸟类栖息地。

浙东运河余姚段湿地

浙东运河余姚段湿地于2017年被列入第二批省级重要湿地名录,包含湖塘江、马渚中河、姚江及慈江余姚段,以及余姚市河鹿自然保护小区、河姆渡鸟类自然保护小区、河姆渡遗址公园等,范围面积824公顷,是以白鹭为主的鸟类栖息地。

浙东运河镇海段湿地

浙东运河镇海段湿地范围面积328公顷,属甬江水系,起自宁波市三江口,向东北延流至招宝山入海。镇海境内河流长16公里,江体宽度270—404米,水深3.3米以上。杭甬运河不仅孕育了历史悠久的运河文化,而且促进了沿河城镇和产业带的发展,在创造了发达的运河经济的同时,兼有防洪、灌溉、调水等综合功能。

浙东运河江北段湿地

浙东运河江北段湿地范围面积97公顷。湿地范围内的慈江是河姆渡文化的发源地,也曾是浙东运河的重要辅助河道。作为浙东大运河的组成部分,于2014年成功申遗。该河段历史地位和价值突出,在保障沿线经济社会发展方面发挥了积极的作用。

东钱湖省级风景名胜区

东钱湖又称钱湖,是浙江省著名的风景名胜区,距宁波城东15公里,面积22平方公里。湖四周群山环抱,绿树簇拥;湖中碧水清澈、烟波浩渺。东钱湖开凿至今已有1200多年历史,区域内历史遗迹星罗棋布,拥有陶公钓矶、霞屿锁岚、二灵夕照等十大胜景以及南宋石窟"补陀洞天"、元塔二灵塔、王安石庙等70余处古迹、21处文物保护点和200余座南宋时期石雕。湖区还有王安石纪念馆、岳鄂王庙、台湾文献初祖沈光文雕像、书法泰斗沙孟海书画院、蝴蝶阁、湖滨公园等景点。

东钱湖作为省内最大的天然淡水湖,有鳙、蒙古红鲌、黄尾密鲴、鸳鸯、水雉、黑水鸡、白骨顶等生物资源。

鸳鸯
Aix galericulata
国家二级

水雉
Hydrophasianus chirurgus
国家二级

第四节

城市生态系统

宁波市城市生态系统由人工林地、湿地、河流、湖泊等要素组成,具有改善城市生态环境、保护野生动植物、提供市民休闲游憩等功能。宁波市依托城市郊野公园及社区公园,因地制宜营建生物多样性保护栖息地。目前,中心城区共有公园181座,口袋公园百余个,吸引了斑头鸺鹠等鸟类来此停留。

月湖公园

月湖位于宁波老城区西南隅,是宁波的母亲湖,因湖面圆处像满月,曲处似眉月,故称月湖。月湖公园面积96.7公顷,其中水域面积9公顷。月湖开凿于唐贞观年间(627—650年),并在宋元祐年间(1086—1094年)达到了它的鼎盛期,曾经是宋明时期文人坐而论道的城中山水,如今是宁波城内最重要的历史文化保护区,是宁波最重要的"绿肺",素有"浙东邹鲁"之美誉。

月湖公园分南北园,南园像一个开放式的现代公园,傍水而建,高大乔木和矮小灌木环绕着石板小径,近处的健身设施、金黄铜像,远处的高楼大厦、电视塔遥遥相望,现代气息扑面而来。北园则别有一番风光,湖边林木青葱,小路蜿蜒,风光旖旎。南北园都是具有民族特色的园林。园中的亭台小桥也是中国传统的形制,还保留着几处古建筑,非常符合中国人的审美情趣。

月湖公园内有多个值得参观的文化景点,如高丽使馆遗址、贺秘监祠、佛教居士林以及银台第官宅博物馆等。如今月湖公园成为展示宁波城市文化和历史的一个重要窗口,与天一阁景区一同被列为国家5A级旅游景区。

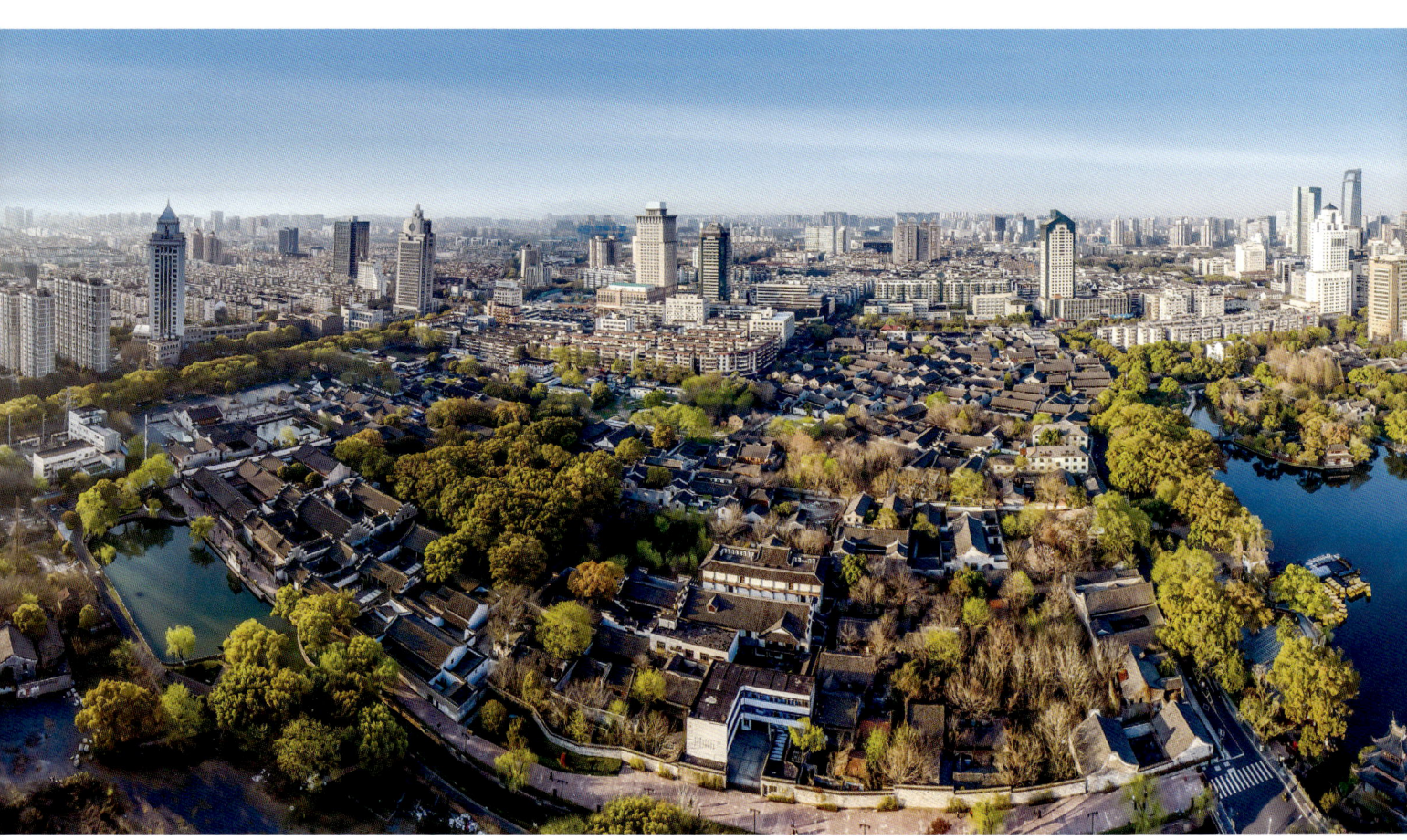

日湖公园

日湖公园东起江北湖东路,南至通途路,西界湖西路,北接环城北路,总面积46公顷,水域面积约15.5公顷,是一个开放型的城市公园。公园根据水系分布建成环游湖区、桃溪观鱼景区和湿地景区,设有桃溪观鱼、黄金沙滩、伊甸园、亲水平台、滨水廊道等景点。园区绿化面积14.6公顷,种植加拿利海枣、银杏、水杉、香樟、合欢、红花檵木、小叶黄杨等大批乔木和灌木以及荷花、梭鱼草等水生植物,形成了茂密的丛林美景。

鄞州公园

　　鄞州公园位于鄞州中心城区的主轴线南端，北靠首南中路，与文化广场、鄞州区行政中心相邻，南临日丽中路，东濒天童南路，西接宁南南路，靠近宁波南部商务区。鄞州公园建于2003年，充分运用了微山水的造园理念和手法，体现了自然与人的和谐共生。公园占地面积25.6公顷，是一个集旅游、康体、娱乐、科学于一体的综合性公园，也是新城区"一心、二轴、三环、四廊、三十六点"绿地体系的重要组成部分。

东部新城生态走廊

东部新城生态走廊,是宁波城市中心区最大的公共生态景观项目,城市中心的"绿肺"。整条生态走廊北起通途路,南至南面铁路,西邻福庆路,东以林泉路为界,呈南北向纵贯东部新城中部,南北长约3.3公里。生态走廊从北往南分为生态走廊北区、生态走廊一期、生态走廊二期、生态走廊三期4块区域,从2011年开始逐步建设,2022年全线建成。

整个生态走廊设置了休闲、观景等区域,并随着地形实现不同高度、形态与色彩的植物、植被组合搭配,创造出独特的空间格局,增加了生态环境的多样性,为居民营造出一个乐趣无限的公共空间。

中山公园

中山公园坐落于海曙区鼓楼街道,是一个历史悠久的公园,始建于1927年,于孙中山先生逝世2周年之际发起建立的,也是宁波最早的公园。公园旧址年代跨度久远,文物类别丰富,对研究宁波建筑发展史和千年治所变迁均有较高的价值,于2011年入选第六批省级文物保护单位。园内有许多古朴的亭台,小溪流水蜿蜒而过。到了秋天,公园里的银杏树在阳光下闪耀一片金黄,别有一番滋味。

院士公园

院士公园位于钟灵毓秀、人文荟萃的鄞州区高教园区,北靠鄞县大道,南至鄞州大道,西临钱湖南路,东接学府路及诺丁汉大学。院士公园总占地面积约62.8公顷,水域面积10.2公顷,绿化面积44.9公顷,由北往南分为文化休闲区、运动休闲区、科教休闲区、生态休闲区,是一座文化休闲公园。

院士公园以纪念甬籍院士而得名,文化休闲区围绕院士文化来建设,首南路北面的院士雕塑台地园,有等比例复制的童第周、贝时璋、谈家桢等89位甬籍院士的人身雕塑,栩栩如生。一座约150米长配有110名院士简介的文化墙诉说着前辈们在科学的征途上不懈探索、鞠躬尽瘁的故事。

第三章

生物之美
万物之态

物种多样性

　　宁波枕山滨海、拥江揽湖，其独特完整的生态系统孕育了多姿多彩的万千生灵。得天独厚的生态资源，让各种各样的生命在这繁衍生息。这些丰富多样的生物资源不仅为宁波市的生态环境增添了独特的魅力，还为城市的经济发展提供了重要支撑。保护和利用好这些生物资源也是宁波市可持续发展的重要基础。

　　目前，宁波市已调查记录到野生植物 2186 种，陆生哺乳动物 50 种，鸟类 431 种，两栖、爬行类 91 种，昆虫 2290 种，大型真菌 283 种，内陆水生生物 372 种。

第一节

植物

调研查明,宁波市共有野生植物2186种,包括国家重点保护野生植物51种。国家一级重点保护野生植物有中华水韭、南方红豆杉、银缕梅、象鼻兰等4种。国家二级重点保护野生植物有七子花、独花兰、华顶杜鹃、大籽猕猴桃、荞麦叶大百合、香果树等47种。调查发现宁波新记录分布种3种,包括多花胡枝子、菱叶鹿藿和白花草木樨。目前,有多种以宁波及其所属区域名字(包括中文名或拉丁学名)命名及模式标本采自宁波的植物(不包括园艺品种),包括时珍兰、宁波石豆兰、宁波溲疏等。植物不仅是地球上生物多样性的重要组成部分,还是维持生态平衡的关键。它们为动物提供食物、氧气和栖息地,同时参与土壤保护、水循环等生态过程,在地球的生态系统中起着至关重要的作用。

科	属	物种名称	拉丁名	保护级别	濒危级别
兰科	蝴蝶兰属	象鼻兰	*Phalaenopsis zhejiangensis*	国家Ⅰ级	濒危
金缕梅科	银缕梅属	银缕梅	*Shaniodendron subaequale*	国家Ⅰ级	极危
红豆杉科	红豆杉属	南方红豆杉	*Taxus wallichiana* var.*mairei*	国家Ⅰ级	易危
水韭科	水韭属	中华水韭	*Isoetes sinensis palmer*	国家Ⅰ级	濒危
石松科	石杉属	长柄石杉	*Huperzia javanica*	国家Ⅱ级	—
凤尾蕨科	水蕨属	水蕨	*Ceratopteris thalictroides*	国家Ⅱ级	易危
松科	金钱松属	金钱松	*Pseudolarix amabilis*	国家Ⅱ级	易危
红豆杉科	榧属	榧	*Torreya grandis*	国家Ⅱ级	—
木兰科	厚朴属	厚朴	*Houpoea officinalis*	国家Ⅱ级	—
樟科	楠属	浙江楠	*Phoebe chekiangensis*	国家Ⅱ级	易危
樟科	樟属	天竺桂	*Cinnamomum japonicum sieb*	国家Ⅱ级	无危
樟科	新木姜子属	舟山新木姜子	*Neolitsea sericea*	国家Ⅱ级	濒危
莲科	莲属	莲	*Nelumbo nucifera*	国家Ⅱ级	—
小檗科	鬼臼属	八角莲	*Dysosma versipellis*	国家Ⅱ级	易危
小檗科	鬼臼属	六角莲	*Dysosna pleiantha*	国家Ⅲ级	近危
榆科	榆属	长序榆	*Ulmus elongata*	国家Ⅱ级	濒危
榆科	榉属	大叶榉树	*Zelkova schneideriana*	国家Ⅱ级	易危
蓼科	荞麦属	金荞麦	*Fagopyrum dibotrys*	国家Ⅱ级	—
猕猴桃科	猕猴桃属	软枣猕猴桃	*Actinidia arguta*	国家Ⅱ级	—
猕猴桃科	猕猴桃属	大籽猕猴桃	*Actinidia macrosperma*	国家Ⅱ级	—
猕猴桃科	猕猴桃属	中华猕猴桃	*Actinidia chinensis*	国家Ⅱ级	—
杜鹃花科	杜鹃花属	华顶杜鹃	*Rhododendron huadingense*	国家Ⅱ级	濒危
安息香科	秤锤树属	秤锤树	*Sinojackia xylocarpa*	国家Ⅱ级	易危
豆科	红豆属	花榈木	*Ormosia henryi*	国家Ⅱ级	易危
豆科	大豆属	野大豆	*Glycine soja*	国家Ⅱ级	渐危
菱科	菱属	野菱	*Trapa incisa*	国家Ⅱ级	—
鼠李科	小勾儿茶属	小勾儿茶	*Berchemiella wilsonii*	国家Ⅱ级	濒危
芸香科	柑橘属	金柑	*Citrus japonica*	国家Ⅱ级	濒危
五加科	人参属	竹节参	*Panax japonicus*	国家Ⅱ级	濒危

续表

科	属	物种名称	拉丁名	保护级别	濒危级别
伞形科	明党参属	明党参	*Changium smyrnioides*	国家Ⅱ级	易危
伞形科	珊瑚菜属	珊瑚菜	*Glehnia littoralis*	国家Ⅱ级	渐危
茜草科	香果树属	香果树	*Emmenopterys henryi*	国家Ⅱ级	—
忍冬科	七子花属	七子花	*Heptacodium miconioides*	国家Ⅱ级	濒危
水鳖科	水车前属	龙舌草	*Ottelia alismoides*	国家Ⅱ级	无危
禾本科	水禾属	水禾	*Hygroryza aristata*	国家Ⅱ级	易危
禾本科	结缕草属	中华结缕草	*Zoysia sinica*	国家Ⅱ级	无危
藜芦科	重楼属	华重楼	*Paris polyphylla*	国家Ⅱ级	易危
百合科	大百合属	荞麦叶大百合	*Cardiocrinum cathayanum*	国家Ⅱ级	—
百合科	贝母属	浙贝母	*Fritillaria thunbergii*	国家Ⅱ级	—
兰科	金线兰属	金线兰	*Anoectochilus roxburghii*	国家Ⅱ级	濒危
兰科	金线兰属	浙江金线兰	*Anoectochilus zhejiangensis*	国家Ⅱ级	濒危
兰科	白及属	白及	*Bletilla striata*	国家Ⅱ级	极危
兰科	兰属	春兰	*Cymbidium goeringii*	国家Ⅱ级	近危
兰科	兰属	蕙兰	*Cymbidium faberi*	国家Ⅱ级	濒危
兰科	兰属	寒兰	*Cymbidium kanran*	国家Ⅱ级	易危
兰科	兰属	建兰	*Cymbidium ensifolium*	国家Ⅱ级	易危
兰科	兰属	多花兰	*Cymbidium floribundum*	国家Ⅱ级	易危
兰科	石斛属	铁皮石斛	*Dendrobium officinale*	国家Ⅱ级	极危
兰科	石斛属	细茎石斛	*Dendrobium moniliforme*	国家Ⅱ级	濒危
兰科	独花兰属	独花兰	*Changnienia amoena*	国家Ⅱ级	濒危
兰科	杜鹃兰属	杜鹃兰	*Cremastra appendiculata*	国家Ⅱ级	近危

国家二级

兰科 | 蝴蝶兰属

象鼻兰

Phalaenopsis zhejiangensis

象鼻兰植株悬垂，花色秀雅，可作岩面、树干美化或盆栽观赏。它与蝴蝶兰亲缘关系相近，又具耐寒特性，是改良蝴蝶兰品种的优良种质资源。象鼻兰野生种群与个体数量稀少，濒临灭绝，曾见于鄞州天童。

国家一级 水韭科—水韭属

中华水韭
Isoetes sinensis palmer

中华水韭喜温暖湿润气候。它要求水质洁净、不流动的浅水生境，底土为肥沃的淤泥，性不耐干旱，忌水体化学污染。中华水韭在宁波市见于北仑、鄞州、海曙、奉化和宁海，生于低海拔的山边浅水湿地或小水沟中。

国家一级 金缕梅科─银缕梅属

银缕梅
Shaniodendron subaequale

作为最古老的植物物种之一,银缕梅在金缕梅科的系统研究中具有很大的价值。银缕梅生长于三迭纪早中期古青龙海浅海区和局部海陆交互地带。后海水退出,该地区生长的植物属华夏植物区系范围之内。银缕梅的发现为华夏植物区系又增添了新的证据。这为植物区系、植物地理、古生物等多学科的研究,提供了不可缺少的活材料。银缕梅在宁波市仅见于余姚、奉化。

国家一级 红豆杉科—红豆杉属

南方红豆杉
Taxus wallichiana var. *mairei*

据《本草纲目》记载，红豆杉具有治疗霍乱、伤寒及排毒等疗效，性微干、苦、平，有小毒，它在现代医药中主要用于肿瘤、糖尿病、肾病、类风湿、关节炎等症的治疗。枝叶可做红豆杉茶、口服液等保健品，具有防癌抗癌、清热解毒、利尿通经、健胃消食、消炎杀菌等作用。南方红豆杉树形高大，观赏价值高；材质坚硬，耐腐朽而不变形。南方红豆杉在宁波市见于鄞州区、奉化区、余姚市、宁海县。

中华猕猴桃 *Actinidia chinensis* 国家二级	大籽猕猴桃 *Actinidia macrosperma* 国家二级
铁皮石斛 *Dendrobium officinale* 国家二级	七子花 *Heptacodium miconioides* 国家二级
细茎石斛 *Dendrobium moniliforme* 国家二级	荞麦叶大百合 *Cardiocrinum cathayanum* 国家二级

华顶杜鹃
Rhododendron huadingense
国家二级　浙江省特有物种

白及
Bletilla striata
国家二级

独花兰
Changnienia amoena
国家二级

风兰
Neofinetia falcata

多花胡枝子
Lespedeza floribunda

宁波市新记录　发现地点:鄞州区

发现者:蒋凯文、张媛等人

发现时间:2021年7月

菱叶鹿藿
Rhynchosia dielsii

宁波市新记录　发现地点:海曙区

发现者:蒋凯文、李俊龙、李博恒、项巾娑、张媛等人

发现时间:2022年7月

白花草木樨
Melilotus albus

宁波市新记录　发现地点:镇海区

发现者:蒋凯文、李俊龙、项巾娑等人

发现时间:2023年7月

宁波溲疏
***D**eutzia ningpoensis*
模式标本采自宁波

宁波石豆兰
***B**ulbophyllum ningboense*
模式标本采自宁波

时珍兰
***S**hizhenia pinguicula*
模式标本❶采自宁波

圆头叶桂
***C**innamomum daphnoides*
中国—日本间断分布种

❶ 模式标本：又称"植物模式标本"，属于植物标本的一种，它是对一个新植物种进行鉴定和命名时的标本，用作描述和发表新种的依据。

第二节

陆生哺乳动物

　　宁波市生境类型多样,组成较为复杂,气候温和,雨量充沛,适于作物生长,动物资源较为丰富。截至 2024 年,宁波市已调查到 50 种陆生哺乳动物,包括国家一级重点保护野生动物中华穿山甲和小灵猫,6 种国家二级重点保护野生动物,分别为貉、豹猫、獐、猕猴、黄喉貂和中华鬣羚。哺乳动物在生态系统中扮演着重要的角色,既是食物链中的一环,也是生态平衡的维护者。

目	科	物种名称	拉丁名	保护级别	濒危级别
鳞甲目	鲮鲤科	中华穿山甲	Manis pentadactyla	国家Ⅰ级	极危
食肉目	灵猫科	小灵猫	Viverricula indica	国家Ⅰ级	—
灵长目	猴科	猕猴	Macaca mulatta	国家Ⅱ级	—
食肉目	犬科	貉	Nyctereutes procyonoides	国家Ⅱ级	—
食肉目	鼬科	黄喉貂	Martes flavigula	国家Ⅱ级	—
食肉目	猫科	豹猫	Prionailurus bengalensis	国家Ⅱ级	—
偶蹄目	鹿科	獐	Hydropotes inermis	国家Ⅱ级	易危
偶蹄目	牛科	中华鬣羚	Capricornis milneedwardsii	国家Ⅱ级	—

国家一级

鳞甲目—鲮鲤科

中华穿山甲
Manis pentadactyla

穿山甲全身披以覆瓦状排列的、像鱼鳞一般的硬角质厚鳞片。穿山甲主食白蚁和蚂蚁,而中华穿山甲对穴居于地下深处的白蚁具有决定性的种群控制能力,所以又被称为"森林卫士"。中华穿山甲擅长挖掘洞穴,能够自主挖掘洞穴,视觉能力相对较弱,但嗅觉异常灵敏。正是这种独特的能力使得穿山甲能够轻松发现蚁巢。中华穿山甲面临的主要威胁是人类的偷捕偷猎活动以及对栖息地的破坏。曾发现于余姚市、宁海县。

小灵猫
Viverricula indica

食肉目—灵猫科 / 国家一级

小灵猫喜欢幽静、阴暗、干燥、清洁的环境。它们多栖息在热带、亚热带低海拔地区，如低山森林、阔叶林的灌木层、树洞、石洞、墓室中。小灵猫食性较杂，以动物性食物为主，以植物性食物为辅。它们曾出现在象山县。

豹猫
Prionailurus bengalensis
国家二级　食肉目｜猫科

豹猫在中国也被称作"钱猫",因为其身上的斑点很像中国古代的铜钱。豹猫主要栖息于山地林区、郊野灌丛和林缘村寨附近。主要为地栖,但豹猫攀爬能力强,在树上活动灵敏自如。豹猫属夜行性动物,晨昏活动较多,独栖或成对活动。它们善游水,喜在水塘边、溪沟边、稻田边等近水之处活动和觅食。发现于四明山地区。

貉
Nyctereutes procyonoides
国家二级　食肉目｜犬科

貉的体型短而肥壮,介于浣熊和狗之间,体色乌棕。它的吻部白色,四肢短呈黑色,尾巴粗短,脸部有一块黑色的"海盗似的面罩"。它栖息于阔叶林中开阔、接近水源的地方或开阔草甸、茂密的灌丛带或芦苇地。它比较善于爬树,会游泳。貉也是犬科动物中唯一一种在冬季休眠的动物,它会在秋季大量取食,直到体重比原来增加50%为止。

中华鬣羚
Capricornis milneedwardsii
国家二级　偶蹄目｜牛科

中华鬣羚又称四不像、苏门羚。它们主要栖息于崎岖陡峭多岩石的丘陵地区,通常冬天在森林带,夏天转移到高海拔的峭壁区。采食多种植物的树叶和幼苗,到盐渍地舔食盐。大部分夜间活动,独居。发现于奉化区、宁海县。

獐
Hydropotes inermis

国家二级　偶蹄目｜鹿科

獐又名河麂、牙獐。栖息于河岸、湖边、湖中心草滩、海滩芦苇或茅草丛生的环境，也生活在低丘和海岛林缘草灌丛处。多单独活动，以晨昏活动最为频繁。以灌木嫩叶及杂草为食。舟山市是我国獐的主要分布区，野生獐资源最丰富。2010年舟山市被中国野生动物保护协会授予"中国獐之乡"的称号。自2018年来，依托舟山市林场野生獐种源繁育基地，宁波市已累计放归野生獐上百只。进一步扩大了野外种群，使物种濒危程度得到有效缓解，为我市生物多样性保护工作打下基础。

猕猴
Macaca mulatta

国家二级　灵长目｜猴科

猕猴是一种相对古老的灵长类动物。它的躯体粗壮，在同属中体型偏小。猕猴栖息于热带、亚热带及暖温带阔叶林中，从低丘到4000米高海拔、僻静的各种环境中均有栖息。它们尤喜在石山的林灌地带活动，特别是那些岩石嶙峋、悬崖峭壁又夹杂着溪河沟谷、攀藤绿树的广阔地段。猕猴集群生活，一般30—50只为一群。它们曾出现在鄞州区。

黄鼬
Mustela sibirica

小麂
Muntiacus reevesi

野猪
Sus scrofa

东北刺猬
Erinaceus amurensis

第三节
鸟类

生态环境优越的宁波,一直都是不少鸟类热爱的栖息地,有许多珍贵的濒危鸟类在此安家。

有"神话之鸟"之称的中华凤头燕鸥,目前在甬数量稳定在93只左右,并成功孵化幼鸟36只。象山韭山列岛也成为中华凤头燕鸥全球繁殖种群数量最多、最为重要的栖息地。

宁波市杭州湾国家湿地公园成功入选首批"浙江省观鸟胜地",为全市唯一入选观鸟胜地。因地处河流与海洋的交汇区,杭州湾国家湿地公园是我国东部大陆海岸冬季水鸟最富集的地区之一,是东亚—澳大利西亚候鸟迁徙路线中的重要驿站,也是世界濒危物种黑嘴鸥、黑脸琵鹭和卷羽鹈鹕的重要越冬地与迁徙停歇地之一。

目前,宁波市已调查记录到鸟类431种。其中,国家重点保护鸟类99种(国家一级保护21种,国家二级保护78种)。调查发现宁波市现有浙江新记录分布种1种,为家鸦;宁波市新记录分布种3种,为黑眉拟啄木鸟、褐林鸮和灰背燕尾。

目	科	物种名称	拉丁名	保护级别	濒危级别
鸡形目	雉科	白颈长尾雉	*Syrmaticus ellioti*	国家Ⅰ级	近危
雁形目	鸭科	青头潜鸭	*Aythya baeri*	国家Ⅰ级	极危
雁形目	鸭科	中华秋沙鸭	*Mergus squamatus*	国家Ⅰ级	濒危
鹤形目	鹤科	白鹤	*Grus leucogeranus*	国家Ⅰ级	极危
鹤形目	鹤科	白头鹤	*Grus monacha*	国家Ⅰ级	易危
鹳形目	鹳科	黑鹳	*Ciconia nigra*	国家Ⅰ级	—
鹳形目	鹳科	东方白鹳	*Ciconia boyciana*	国家Ⅰ级	濒危
鸻形目	鸥科	黑嘴鸥	*Saundersilarus saundersi*	国家Ⅰ级	易危
鸻形目	鸥科	中华凤头燕鸥	*Thalasseus bernsteini*	国家Ⅰ级	极危
鸻形目	鸥科	遗鸥	*Ichthyaetus relictus*	国家Ⅰ级	易危
鹈形目	鹮科	黑脸琵鹭	*Platalea minor*	国家Ⅰ级	濒危
鹈形目	鹮科	黑头白鹮	*Threskiornis melanocephalus*	国家Ⅰ级	近危
鹈形目	鹮科	彩鹮	*Plegadis falcinellus*	国家Ⅰ级	—
鹈形目	鹈鹕科	卷羽鹈鹕	*Pelecanus crispus*	国家Ⅰ级	近危
鹈形目	鹭科	黄嘴白鹭	*Egretta eulophotes*	国家Ⅰ级	易危
鹱形目	信天翁科	黑脚信天翁	*Phoebastria nigripes*	国家Ⅰ级	近危
鹰形目	鹰科	秃鹫	*Aegypius monachus*	国家Ⅰ级	近危
鹰形目	鹰科	白尾海雕	*Haliaeetus albicilla*	国家Ⅰ级	—
雀形目	鹀科	黄胸鹀	*Emberiza aureola*	国家Ⅰ级	极危
鸡形目	雉科	白鹇	*Lophura nycthemera*	国家Ⅱ级	—
鸡形目	雉科	白眉山鹧鸪	*Arborophila gingica*	国家Ⅱ级	近危
鸡形目	雉科	勺鸡	*Pucrasia macrolopha*	国家Ⅱ级	—
雁形目	鸭科	鸿雁	*Anser cygnoid*	国家Ⅱ级	易危
雁形目	鸭科	白额雁	*Anser albifrons*	国家Ⅱ级	—
雁形目	鸭科	小白额雁	*Anser erythropus*	国家Ⅱ级	易危
雁形目	鸭科	斑头秋沙鸭	*Mergellus albellus*	国家Ⅱ级	—
雁形目	鸭科	棉凫	*Nettapus coromandelianus*	国家Ⅱ级	—
雁形目	鸭科	小天鹅	*Cygnus columbianus*	国家Ⅱ级	—
雁形目	鸭科	鸳鸯	*Aix galericulata*	国家Ⅱ级	—

续表

目	科	物种名称	拉丁名	保护级别	濒危级别
雁形目	鸭科	花脸鸭	*Sibirionetta formosa*	国家Ⅱ级	—
鸽形目	鸠鸽科	红翅绿鸠	*Treron sieboldii*	国家Ⅱ级	—
鹃形目	杜鹃科	褐翅鸦鹃	*Centropus sinensis*	国家Ⅱ级	—
䴙䴘目	䴙䴘科	黑颈䴙䴘	*Podiceps nigricollis*	国家Ⅱ级	—
䴙䴘目	䴙䴘科	角䴙䴘	*Podiceps auritus*	国家Ⅱ级	易危
鹃形目	杜鹃科	小鸦鹃	*Centropus bengalensis*	国家Ⅱ级	—
鹤形目	鹤科	灰鹤	*Grus grus*	国家Ⅱ级	—
鸻形目	水雉科	水雉	*Hydrophasianus chirurgus*	国家Ⅱ级	—
鸻形目	鹬科	翻石鹬	*Arenaria interpres*	国家Ⅱ级	—
鸻形目	鹬科	阔嘴鹬	*Calidris falcinellus*	国家Ⅱ级	—
鸻形目	鹬科	半蹼鹬	*Limnodromus semipalmatus*	国家Ⅱ级	近危
鸻形目	鹬科	小杓鹬	*Numenius minutus*	国家Ⅱ级	—
鸻形目	鹬科	白腰杓鹬	*Numenius arquata*	国家Ⅱ级	近危
鸻形目	鹬科	大杓鹬	*Numenius madagascariensis*	国家Ⅱ级	濒危
鸻形目	鹬科	大滨鹬	*Calidris tenuirostris*	国家Ⅱ级	濒危
鸻形目	鸥科	大凤头燕鸥	*Thalasseus bergii*	国家Ⅱ级	—
鹈形目	鹮科	白琵鹭	*Platalea leucorodia*	国家Ⅱ级	—
鹈形目	鹭科	岩鹭	*Egretta sacra*	国家Ⅱ级	—
鲣鸟目	军舰鸟科	黑腹军舰鸟	*Fregata minor*	国家Ⅱ级	—
鲣鸟目	军舰鸟科	白斑军舰鸟	*Fregata ariel*	国家Ⅱ级	—
鲣鸟目	鲣鸟科	红脚鲣鸟	*Sula sula*	国家Ⅱ级	—
鹰形目	鹗科	鹗	*Pandion haliaetus*	国家Ⅱ级	—
鹰形目	鹰科	白腹隼雕	*Aquila fasciata*	国家Ⅱ级	—
鹰形目	鹰科	黑翅鸢	*Elanus caeruleus*	国家Ⅱ级	—
鹰形目	鹰科	凤头蜂鹰	*Pernis ptilorhynchus*	国家Ⅱ级	—
鹰形目	鹰科	蛇雕	*Spilornis cheela*	国家Ⅱ级	—
鹰形目	鹰科	鹰雕	*Nisaetus nipalensis*	国家Ⅱ级	—
鹰形目	鹰科	林雕	*Ictinaetus malaiensis*	国家Ⅱ级	—

续表

目	科	物种名称	拉丁名	保护级别	濒危级别
鹰形目	鹰科	凤头鹰	*Accipiter trivirgatus*	国家Ⅱ级	—
鹰形目	鹰科	赤腹鹰	*Accipiter soloensis*	国家Ⅱ级	—
鹰形目	鹰科	日本松雀鹰	*Accipiter gularis*	国家Ⅱ级	—
鹰形目	鹰科	松雀鹰	*Accipiter virgatus*	国家Ⅱ级	—
鹰形目	鹰科	雀鹰	*Accipiter nisus*	国家Ⅱ级	—
鹰形目	鹰科	苍鹰	*Accipiter gentilis*	国家Ⅱ级	—
鹰形目	鹰科	白腹鹞	*Circus spilonotus*	国家Ⅱ级	—
鹰形目	鹰科	黑鸢	*Milvus migrans*	国家Ⅱ级	—
鹰形目	鹰科	灰脸鵟鹰	*Butastur indicus*	国家Ⅱ级	—
鹰形目	鹰科	普通鵟	*Buteo japonicus*	国家Ⅱ级	—
鹰形目	鹰科	大鵟	*Buteo hemilasius*	国家Ⅱ级	—
鹰形目	鹰科	黑冠鹃隼	*Aviceda leuphotes*	国家Ⅱ级	—
鹰形目	鹰科	白尾鹞	*Circus cyaneus*	国家Ⅱ级	—
鹰形目	鹰科	鹊鹞	*Circus melanoleucos*	国家Ⅱ级	—
鸮形目	草鸮科	草鸮	*Tyto longimembris*	国家Ⅱ级	—
鸮形目	鸱鸮科	灰林鸮	*Strix aluco*	国家Ⅱ级	—
鸮形目	鸱鸮科	日本鹰鸮	*Ninox japonica*	国家Ⅱ级	—
鸮形目	鸱鸮科	鹰鸮	*Ninox scutulata*	国家Ⅱ级	—
鸮形目	鸱鸮科	领角鸮	*Otus lettia*	国家Ⅱ级	—
鸮形目	鸱鸮科	红角鸮	*Otus sunia*	国家Ⅱ级	—
鸮形目	鸱鸮科	褐林鸮	*Strix leptogrammica*	国家Ⅱ级	—
鸮形目	鸱鸮科	领鸺鹠	*Glaucidium brodiei*	国家Ⅱ级	—
鸮形目	鸱鸮科	斑头鸺鹠	*Glaucidium cuculoides*	国家Ⅱ级	—
鸮形目	鸱鸮科	长耳鸮	*Asio otus*	国家Ⅱ级	—
鸮形目	鸱鸮科	雕鸮	*Bubo bubo*	国家Ⅱ级	—
鸮形目	鸱鸮科	短耳鸮	*Asio flammeus*	国家Ⅱ级	—
佛法僧目	翠鸟科	白胸翡翠	*Halcyon smyrnensis*	国家Ⅱ级	—
隼形目	隼科	红隼	*Falco tinnunculus*	国家Ⅱ级	—

续表

目	科	物种名称	拉丁名	保护级别	濒危级别
隼形目	隼科	游隼	*Falco peregrinus*	国家Ⅱ级	—
隼形目	隼科	燕隼	*Falco subbuteo*	国家Ⅱ级	—
隼形目	隼科	红脚隼	*Falco amurensis*	国家Ⅱ级	—
隼形目	隼科	灰背隼	*Falco columbarius*	国家Ⅱ级	—
雀形目	八色鸫科	仙八色鸫	*Pitta nympha*	国家Ⅱ级	易危
雀形目	绣眼鸟科	红胁绣眼鸟	*Zosterops erythropleurus*	国家Ⅱ级	—
雀形目	百灵科	云雀	*Alauda arvensis*	国家Ⅱ级	—
雀形目	莺鹛科	短尾鸦雀	*Neosuthora davidiana*	国家Ⅱ级	—
雀形目	莺鹛科	震旦鸦雀	*Paradoxornis heudei*	国家Ⅱ级	近危
雀形目	噪鹛科	画眉	*Garrulax canorus*	国家Ⅱ级	—
雀形目	噪鹛科	棕噪鹛	*Garrulax berthemyi*	国家Ⅱ级	—
雀形目	噪鹛科	红嘴相思鸟	*Leiothrix lutea*	国家Ⅱ级	—
雀形目	噪鹛科	黑喉噪鹛	*Garrulax chinensis*	国家Ⅱ级	—
雀形目	鹟科	蓝喉歌鸲	*Luscinia svecica*	国家Ⅱ级	—
雀形目	鹟科	红喉歌鸲	*Calliope calliope*	国家Ⅱ级	—
雀形目	鹟科	白喉林鹟	*Cyornis brunneatus*	国家Ⅱ级	易危

国家一级

鸻形目—鸥科

中华凤头燕鸥
Thalasseus bernsteini

中华凤头燕鸥身长43厘米左右，身体大部分羽毛呈白色，背和翅膀羽色略灰。嘴橘红色，嘴端黑色。头顶具凤冠。在繁殖季节，头顶和凤冠均为黑色，繁殖后期，头顶黑色渐渐消退，仅留羽冠黑色。一般在海岸、海岛岩石、悬崖、沙滩和海洋上活动。主要栖息于海岸岛屿，喜欢于海水深度浅且离岸近的区域活动，不喜水草太高。中华凤头燕鸥频繁地在海面上空飞翔，飞翔时嘴垂直向下，两翅扇动缓慢。有时在空中翱翔，它们能在空中搜觅和发现水下鱼类。当发现鱼类时，则两翅一收，突然一下扎入水中捕食，捕获后立刻振翅上升。有时又长时间地漂浮于海面上，或在海边浅水处沐浴。晚上多栖息于岸边悬岩或岩石上。主要以鱼类为食，也吃甲壳类、软体动物和其他海洋无脊椎动物。自2004年发现中华凤头燕鸥以来，象山县一直致力于中华凤头燕鸥保护工作。从2013年在韭山列岛—铁墩岛实施人工招引项目以来，已成功孵化了179只中华凤头燕鸥雏鸟。目前铁墩岛已成为世界上中华凤头燕鸥繁殖种群最大的栖息地。

国家一级

鹈形目—鹮科

彩鹮
Plegadis falcinellus

彩鹮全身为深栗色，羽毛上带着闪光，上体具绿色或紫色光泽。彩鹮主要栖息在温暖的河湖或沼泽附近，有时也会到稻田中活动，性喜群居，而且经常与其他鹮类、鹭类集聚在一起活动。

鹈形目—鹮科

国家一级

黑脸琵鹭
Platalea minor

黑脸琵鹭或结队飞翔，或涉水觅食，或清洁羽毛。其姿态优雅，全身羽毛大体为白色，有黑嘴和黑色腿脚、前额、眼线、眼周，形成鲜明"黑脸"，因其扁平如汤匙状的长嘴，与中国乐器中的琵琶极为相似，因而得名。黑脸琵鹭分布区域极为狭窄，种群数量极少。曾出现于慈溪市、象山县、宁海县等地。

国家一级

鸡形目—雉科

白颈长尾雉
Syrmaticus ellioti

白颈长尾雉,中国特有种,性机警,单独或集小群活动时都很安静。杂食性,多在森林茂密且林下较开阔的地方觅食。雄鸟求偶为侧面炫耀。发现于四明山区域。

卷羽鹈鹕

Pelecanus crispus

国家一级 鹈形目—鹈鹕科

卷羽鹈鹕生活在沼泽及浅水湖,主要出现于内陆淡水湿地,但也出现在海岸潟湖及河口。它们在小岛的大片芦苇或空旷处营巢繁殖。卷羽鹈鹕喜集群活动于开阔的湿地环境,繁殖于地面或树上,飞行能力强。近年来,在杭州湾湿地公园发现多只卷羽鹈鹕。

国家一级

雁形目 — 鸭科

中华秋沙鸭
Mergus squamatus

中华秋沙鸭喜湍急河流,偶见于湖泊等湿地。除迁徙时集合成大群,它们越冬期常集小群栖息于山间河流、水库湖泊中。它们主食鱼类和石蛾科昆虫。中华秋沙鸭的飞行和游泳能力都很强,能够每年长途跋涉数千公里,从东北飞到江南,也能够较长时间在水下捕鱼捉虾或啄食水草。

国家一级

鸻形目—鸥科

黑嘴鸥
Saundersilarus saundersi

黑嘴鸥雌雄相似。喙黑色较短,脚红色;夏羽头部的黑色延至颈后,眼具白色星月形斑,飞羽外缘黑白相间;冬羽头白色,头部隐约有灰色带,耳区有黑色斑点,飞羽白斑大且明显。黑嘴鸥高度依赖海岸,很少进入内陆活动。它们繁殖于海岸附近较为干燥、植被稀疏的短草地中。黑嘴鸥飞行时体态轻盈,与其他鸥混群。它们的取食方式为飞行中突然垂直下降,快降落时又一转身,然后捕食螃蟹及其他蠕虫。

黄嘴白鹭

Egretta eulophotes

国家一级 鹈形目 鹭科

黄嘴白鹭身体较为纤瘦,嘴、颈、脚都较长。它的嘴基本呈褐色而基部呈黄色;腿和眼先皮肤为黄绿色。黄嘴白鹭多栖息于苇塘、池塘、水田、沼泽等湿地环境中,以鱼、虾为食,也吃一些甲壳类、软体动物和昆虫等。

黄胸鹀

Emberiza aureola

国家一级 雀形目—鹀科

黄胸鹀俗名"禾花雀",雄鸟额、头顶、颏、喉黑色;头顶和上体栗色或栗红色;尾黑褐色,外侧两对尾羽具长的楔状白斑;两翅黑褐色,翅上具一窄的白色横带和一宽的白色翅斑;下体鲜黄色,胸有一深栗色横带。雌鸟上体棕褐色或黄褐色,具粗著的黑褐色中央纵纹;腰和尾上覆羽栗红色,两翅和尾上覆羽黑褐色,中覆羽具宽阔的白色端斑,大覆羽具窄的灰褐色端斑亦形成两道淡色翅斑;眉纹皮黄白色;下体淡黄色,胸无横带,两胁具栗褐色纵纹。喜栖息于低海拔平原地区的高草丛、油菜田、耕地等地。迁徙期常集群活动,尤其以春季数量较多。长久以来黄胸鹀一直维持着极其庞大的种群数量,早在20世纪90年代,黄胸鹀种群规模较大,世界范围内有数十万只。可因人类对其进行大肆捕捉和食用,导致在过去短短的十多年,黄胸鹀的种群数量急剧下降,甚至走向灭绝。如今,黄胸鹀已被《中国生物多样性红色名录》列为极危(CR)等级物种。

国家一级

雁形目—鸭科

青头潜鸭
Aythya baeri

雄性青头潜鸭头部和颈部为黑色,有绿色光泽,上体为黑褐色,尾下和翼下覆羽为白色。雌性青头潜鸭头部和颈部为黑褐色,腹部以白色羽毛为主,两翅、腰和尾上尾下覆羽与雄性基本相同。它们多栖息在水生植物比较丰富的湖泊中,以各种水生植物的根、叶、茎和种子等为食,也吃软体动物。

国家一级 鸻形目—鸥科

遗鸥
Ichthyaetus relictus

遗鸥披夏羽时，头部深棕色至黑色，形成浓黑的头罩；背部、肩部为淡灰色，外侧初级飞羽白色具黑色次端斑，飞翔时翅膀的尖端呈黑色，且具有白色的斑；腰部、尾羽和下体为白色；脚暗红色或珊瑚红色。换冬羽后，它的头部变为白色，在耳区有一个暗色的斑，在头顶至后颈也有较暗的颜色。它们栖息于开阔平原和荒漠与半荒漠地带的咸水或淡水湖泊中，具有集群性，以各种小型水生无脊椎动物为食。

国家一级

鹳形目―鹳科

黑鹳
Ciconia nigra

黑鹳因其头、颈和脊均呈黑褐色,故名黑鹳。黑鹳主要栖息于大型湖泊、沼泽和河流附近,繁殖于崖壁或者高树上。越冬时它们多活动于开阔的平原,可能集群活动。黑鹳不善鸣叫,性机警而怕人,喜在沼泽和湿地上觅食鱼、蛙、甲壳类和昆虫等。

国家一级 鹳形目—鹳科

东方白鹳
Ciconia boyciana

东方白鹳体态优美。长而粗壮的喙十分坚硬,呈黑色,仅基部缀有淡紫色或深红色。东方白鹳栖息于湖泊、水库、池塘等边缘的浅水区或水田中,有时也飞到树上停栖。它们单独或成对活动。东方白鹳以大型昆虫、鱼类、两栖类和小型哺乳类动物为食。

斑头鸺鹠
Glaucidium cuculoides
国家二级　　鸮形目 | 鸱鸮科

蛇雕
Spilornis cheela
国家二级　　鹰形目 | 鹰科

领角鸮
Otus lettia

国家二级　　鸮形目 | 鸱鸮科

仙八色鸫
Pitta nympha

国家二级　　雀形目 | 八色鸫科

发现时间：2021年9月

家鸦
Corvus splendens

浙江新记录　发现者：曹定杰
发现地点：象山县　雀形目 | 鸦科

发现时间：2022年7月

黑眉拟啄木鸟
Psilopogon oorti

宁波市新记录　发现地点：鄞州区
发现者：吴晓丽、陆祎玮、邹晓萍和聂闻文等人
䴕形目 | 须䴕科

发现时间：2022年9月

褐林鸮
Strix leptogrammica

国家二级　　宁波市新记录　　发现地点：鄞州区

发现者：吴晓丽、钟悦陶、宋建跃、邹晓萍、聂闻文、曹定杰等人

鸮形目｜鸱鸮科

发现时间：2023年11月

灰背燕尾
Enicurus schistaceus

宁波市新记录　　发现者：史杰、杨笑等人

发现地点：宁海县　　雀形目｜鹟科

林雕
Ictinaetus malaiensis

| 国家二级 | 鹰形目 | 鹰科 |

日本松雀鹰
Accipiter gularis

| 国家二级 | 隼形目 | 鹰科 |

红嘴相思鸟
Leiothrix lutea

| 国家二级 | 雀形目 | 噪鹛科 |

鸳鸯
Aix galericulata

| 国家二级 | 雁形目 | 鸭科 |

赤腹鹰
Accipiter soloensis

| 国家二级 | 隼形目 | 鹰科 |

白鹇
Lophura nycthemera

| 国家二级 | 鸡形目 | 雉科 |

第四节

两栖、爬行动物

两栖、爬行动物是良好的环境指示物种，宁波市水源充足、植被丰富，多样的生态环境为其提供了理想的栖息地和繁殖场所。截至2024年，宁波市共调查记录到两栖类37种，爬行类54种，包括国家一级重点保护野生动物1种，为镇海棘螈；国家二级重点保护野生动物4种，为虎纹蛙、义乌小鲵、中国瘰螈和平胸龟。其中，镇海棘螈是我国特有的两栖动物，主要分布于北仑区林场（原属镇海县）几处狭窄区域，野外种群数量极其稀少，被列入世界自然保护联盟（IUCN）受威胁物种红色名录极度濒危（CR）等级。

目	科	物种名称	拉丁名	保护级别	濒危级别
有尾目	蝾螈科	镇海棘螈	*Echinotriton chinhaiensis*	国家 I 级	极危
有尾目	小鲵科	义乌小鲵	*Hynobius yiwuensis*	国家 II 级	—
有尾目	蝾螈科	中国瘰螈	*Paramesotriton chinensis*	国家 II 级	—
无尾目	叉舌蛙科	虎纹蛙	*Hoplobatrachus chinensis*	国家 II 级	—
龟鳖目	平胸龟科	平胸龟	*Platysternon megacephalum*	国家 II 级	濒危

有尾目—蝾螈科

国家一级

镇海棘螈
Echinotriton chinhaiensis

镇海棘螈，中国特有种，为典型孑遗类群，被誉为"活化石"，是中国蝾螈科中唯一被列为国家一级重点保护的物种，行动迟缓。镇海棘螈以螺类、马陆、步行虫、蜈蚣、蚯蚓等为食。成螈受惊后常将四肢上翻、头尾上翘做出警戒行为。目前，镇海棘螈野外种群数量在600尾左右，主要分布于北仑区林场（原属镇海县）几处狭窄区域。

虎纹蛙
Hoplobatrachus chinensis
国家二级　无尾目｜叉舌蛙科

义乌小鲵
Hynobius yiwuensis
国家二级　有尾目｜小鲵科

中国瘰螈
Paramesotriton chinensis
国家二级　有尾目｜蝾螈科

中国瘰螈体型中等，全身呈黑褐色或黄褐色，头部扁平，躯干圆柱状。头侧有腺质棱脊，枕部"V"形棱，脊明显，无颈褶，尾基较粗且末端钝圆。常见于丘陵山区，陆栖生活，繁殖季节生活于山溪缓流的静水水域。阴雨天气常登陆草丛捕食昆虫、蚯蚓、螺类以及其他小动物，其中螺类为主要食物，具有较强的耐饥能力。

这种水陆两栖的物种对水体和岸边环境有着极高的要求，因此被视为生态环境的优秀指示物种。曾在宁海发现。

两栖动物

秉志肥螈 *Pachytriton granulosus*	东方蝾螈 *Cynops orientalis*	大绿臭蛙 *Odorrana graminea*
中国雨蛙 *Hyla chinensis*	泽陆蛙 *Fejervarya multistriata*	天目臭蛙 *Odorrana tianmuii*
布氏泛树蛙 *Polypedates braueri*	镇海林蛙 *Rana zhenhaiensis*	大树蛙 *Rhacophorus dennysi*

爬行动物

中国石龙子 *Plestiodon chinensis*	北草蜥 *Takydromus septentrionalis*
蓝尾石龙子 *Plestiodon elegans*	宁波滑蜥 *Scincella modesta*
铜蜓蜥 *Sphenomorphus indicus*	蹼趾壁虎 *Gekko subpalmatus*

银环蛇 *Bungarus multicinctus*	短尾蝮 *Gloydius brevicaudus*
原矛头蝮 *Protobothrops mucrosquamatus*	尖吻蝮 *Deinagkistrodon acutus*
王锦蛇 *Elaphe carinata*	福建竹叶青蛇 *Trimeresurus stejnegeri*

第五节

昆虫

每年宁波的夏秋两季是各种昆虫出来活动的主要时期,此时气温最适合其生长发育,食物最为丰富。截至2024年,宁波市已调查记录到2290种昆虫,其中包括3种国家二级重点保护野生动物,分别为金裳凤蝶、拉步甲和硕步甲。昆虫是世界上最繁盛的动物类群,也是第一批占领天空的动物,因其广泛的食性和复杂的生活关系,使其对生态系统的平衡和生物多样性的维持起着重要的作用。

目	科	物种名称	拉丁名	保护级别	濒危级别
鞘翅目	步甲科	拉步甲	*Carabus lafossei*	国家Ⅱ级	—
鞘翅目	步甲科	硕步甲	*Carabus davidis*	国家Ⅱ级	—
鳞翅目	凤蝶科	金裳凤蝶	*Troides aeacus*	国家Ⅱ级	濒危

拉步甲
Carabus lafossei

[国家二级] [鞘翅目｜步甲科]

　　拉步甲是一种体型较大的昆虫,通常生活在林地、草地和沙丘等环境中,以其他昆虫和无脊椎动物为食。它们具有较强的捕食能力,能够快速奔跑。它们的身体呈现出金属光泽的颜色。

硕步甲
Carabus davidis

[国家二级] [鞘翅目｜步甲科]

　　硕步甲主要生活在山地、森林和草地等环境中,以昆虫、蠕虫等为食。硕步甲的身体呈现出金属光泽。它们拥有坚硬的外骨骼和强壮的触角,能够迅速捕捉猎物。作为天敌昆虫,硕步甲有助于控制其他昆虫种群数量的平衡。

金裳凤蝶
Troides aeacus

[国家二级] [鳞翅目｜凤蝶科]

　　金裳凤蝶是一种大型蝴蝶。它们的翅膀呈现出金黄色的华丽花纹,因此得名。金裳凤蝶属于凤蝶科的一种,通常喜欢栖息在热带雨林中。

白尾灰蜻 *Orthetrum albistylum*	大团扇春蜓 *Sinictinogomphus clavatus*	晓褐蜻 *Trithemis aurora*
青凤蝶 *Graphium sarpedon*	碧凤蝶 *Papilio bianor*	蚜灰蝶 *Taraka hamada*
琉璃蛱蝶 *Kaniska canace*	残锷线蛱蝶 *Limenitis sulpitia*	斐豹蛱蝶 *Argynnis hyperbius*

绿翅细长吉丁 *Coroebus hastanus*	离斑虎甲 *Cicindela separata*	透顶单脉色蟌 *Matrona basilaris*
苎麻天牛 *Paraglenea fortunes*	长尾管蚜蝇 *Eristalis tenax*	
竹紫天牛 *Purpuricenus temminckii*	日本丽瓢虫 *Callicaria superba*	亮钳猎蝽 *Labidocoris pectoralis*

宽边黄粉蝶	宁波尾大蚕蛾
*E*urema hecabe	*A*ctias ningpoana
曲纹蜘蛱蝶	
*A*raschnia doris	
菜粉蝶	苎麻珍蝶
*P*ieris rapae	*A*craea issoria
直纹稻弄蝶	小红蛱蝶
*P*arnara guttata	*V*anessa cardui

第六节

大型真菌

　　宁波市地处亚热带,属亚热带季风气候,雨量充沛,温和湿润,四季分明,非常适合大型真菌的生长。截至 2024 年,宁波市已调查记录到大型真菌 283 种。大型真菌通常生长在潮湿的环境中,以分解有机物质为生,起到生态清道夫的作用,它们对生态系统的平衡和自然界物质循环起着重要作用,也在医药和食品工业中有广泛应用。

肉红方孢粉褶蕈 *Entoloma quadratum*	灵芝 *Ganoderma lucidum*	紫灵芝 *Ganoderma sinense*
大青褶伞 *Chlorophyllum molybdites*	干巴菌 *Thelephora ganbajun*	变绿红菇 *Russula virescens*
大盖小皮伞 *Marasmius maximus* / 久住粉褶蕈 *Entoloma kujuense*	血红密孔菌 *Pycnoporus sanguineus*	赤脚鹅膏 *Amanita gymnopus*

第七节

内陆水生生物

  宁波甬江流域是浙江省八大水系之一,有余姚江、奉化江、甬江等较大河流。余姚江发源于绍兴市上虞区梁湖,奉化江发源于奉化区斑竹,余姚江、奉化江在"三江口"汇成甬江,流向东北,经招宝山入东海。良好的生境孕育了多种多样的内陆水生生物,包括鱼类、浮游生物和大型底栖生物与无脊椎动物等。它们生活在湖泊、河流、池塘等水体中,构成了丰富多样的水生生态系统。内陆水生生物在水体生态平衡中扮演重要角色,如食物链的中下层、氧气供应者等。同时,它们也受到水质污染、栖息地破坏等影响,需要保护和管理。研究内陆水生生物有助于了解水生生态系统的功能和稳定性,促进环境保护和生物多样性保护。

  目前,宁波市已调查记录到陆域水生生物585种,包括内陆鱼类100种,内陆浮游动物124种,内陆浮游植物226种,内陆大型底栖无脊椎动物135种。

棒花鱼 *Abbottina rivularis*	马口鱼 *Opsariichthys bidens*
齐氏副田鳞 *Paratanakia chii*	高体鳑鲏 *Rhodeus ocellatus*
圆尾斗鱼 *Macropodus chinensis*	棘颊鱲 *Zacco acanthogenys*

| 黑鳍鳈 | 浙江花鳅 |
| Sarcocheilichthys nigripinnis | Cobitis zhejiangensis |

| 长鳍马口鱼 | 华鳈 |
| Opsariichthys evolans | Sarcocheilichthys sinensis |

| 鳗尾鮠 | 子陵吻虾虎鱼 |
| Liobagrus anguillicauda | Rhinogobius similis |

第八节

海洋生物

　　宁波地处我国海岸线中段、长三角洲南翼,东有舟山群岛为天然屏障,北濒杭州湾,西接绍兴市的嵊州、新昌、上虞,南临三门湾并与台州三门、天台相连。宁波海岸线漫长,属于亚热带季风气候带,气候温暖湿润,热量丰富,雨量充沛,生物生产量大。有多支水流交汇入海,为近海生物带来大量的饵料。沿岸海流与台湾暖流交汇,使得近海盐度低而季节变化大,营养盐丰富。众多的岛屿、难以计数的岩礁以及浅海海域和潮间带,为海洋生物栖息提供了良好的场所。

　　因而,宁波附近海域海洋生物资源品种繁多。洄游性种类主要有带鱼、大黄鱼、鳓鱼、银鲳、鲐鱼、三疣梭子蟹、哈氏仿对虾、曼氏无针乌贼等,具有集群性强、数量大、季节变化明显等特点。岛礁性种类有石斑鱼、褐菖鲉等。近岸性种类有中国毛虾、龙头鱼、棘头梅童鱼、黄鲫、中华管鞭虾等,多为中小型鱼虾类,具有种类多、量大、分布广、资源易恢复等特点。河口性种类有鲻鱼、梭鱼、脊尾白虾等,有分布广、繁殖力强、生长快等特点,其中有许多是增养殖品种。全市沿海海域有各类国家重点保护水生野生动物20余种,包括抹香鲸、绿海龟、玳瑁、糙齿海豚、水獭、东亚江豚等。

纲	目	科	物种名称	拉丁名	保护级别	濒危级别
哺乳纲	鲸目	灰鲸科	灰鲸	*Eschrichtius robustus*	国家Ⅰ级	—
哺乳纲	鲸目	须鲸科	小须鲸	*Balaenoptera acutorostrata*	国家Ⅰ级	—
哺乳纲	鲸目	须鲸科	长须鲸	*Balaenoptera physalus*	国家Ⅰ级	易危
哺乳纲	鲸目	抹香鲸科	抹香鲸	*Physeter macrocephalus*	国家Ⅰ级	易危
爬行纲	龟鳖目	海龟科	红海龟	*Caretta caretta*	国家Ⅰ级	易危
爬行纲	龟鳖目	海龟科	绿海龟	*Chelonia mydas*	国家Ⅰ级	濒危
爬行纲	龟鳖目	海龟科	玳瑁	*Eretmochelys imbricata*	国家Ⅰ级	极危
爬行纲	龟鳖目	棱皮龟科	棱皮龟	*Dermochelys coriacea*	国家Ⅰ级	易危
硬骨鱼纲	鲟形目	鲟科	中华鲟	*Acipenser sinensis*	国家Ⅰ级	极危
硬骨鱼纲	鲟形目	匙吻鲟科	白鲟	*Psephurus gladius*	国家Ⅰ级	极危
硬骨鱼纲	鲱形目	鲱科	鲥	*Tenualosa reevesii*	国家Ⅰ级	—
硬骨鱼纲	鲈形目	石首鱼科	黄唇鱼	*Bahaba taipingensis*	国家Ⅰ级	极危
头足纲	鹦鹉螺目	鹦鹉螺科	鹦鹉螺	*Nautilus pompilius*	国家Ⅰ级	—
哺乳纲	鲸目	海豚科	糙齿海豚	*Steno bredanensis*	国家Ⅱ级	—
哺乳纲	鲸目	海豚科	瓜头鲸	*Peponocephala electra*	国家Ⅱ级	—
哺乳纲	鲸目	海豚科	虎鲸	*Orcinus orca*	国家Ⅱ级	—
哺乳纲	鲸目	鼠海豚科	东亚江豚	*Neophocaena sunameri*	国家Ⅱ级	—
哺乳纲	食肉目	鼬科	欧亚水獭	*Lutra lutra*	国家Ⅱ级	近危
软骨鱼纲	鼠鲨目	姥鲨科	姥鲨	*Cetorhinus maximus*	国家Ⅱ级	濒危
软骨鱼纲	须鲨目	鲸鲨科	鲸鲨	*Rhincodon typus*	国家Ⅱ级	濒危
硬骨鱼纲	鳗鲡目	鳗鲡科	花鳗鲡	*Anguilla marmorata*	国家Ⅱ级	—
硬骨鱼纲	海龙目	海龙科	日本海马	*Hippocampus japonicus*	国家Ⅱ级	—
硬骨鱼纲	鲉形目	杜父鱼科	松江鲈	*Trachidermus fasciatus*	国家Ⅱ级	—
肢口纲	剑尾目	鲎科	中国鲎	*Tachypleus tridentatus*	国家Ⅱ级	濒危
软甲纲	十足目	龙虾科	锦绣龙虾	*Panulirus ornatus*	国家Ⅱ级	—
腹足纲	中腹足目	冠螺科	唐冠螺	*Cassis cornuta*	国家Ⅱ级	—
珊瑚纲	石珊瑚目	筒星珊瑚科	猩红筒星珊瑚	*Tubastraea coccinea*	国家Ⅱ级	—

抹香鲸

Physeter macrocephalus

抹香鲸，是体型最大的齿鲸，整体呈圆锥形，头部尤其巨大。抹香鲸通常生活在海平面 1000 米以下的深海区域，是潜水最深、潜水时间最长的哺乳动物。

国家一级

绿海龟
Chelonia mydas

绿海龟是体型最大的硬壳海龟之一,因其身上的脂肪为绿色而得名,寿命可达百年以上。和玳瑁相比,绿海龟吻部短圆,它缩头时会被卡住,因此无法把头完全缩进壳里。

国家一级

玳瑁

Eretmochelys imbricata

在海龟中,玳瑁是已知唯一一种主要以海绵为食的爬行动物。玳瑁古名瑇、文甲,因背上有十三块状如盾形、分三行做覆瓦状排列的鳞片,所以,玳瑁又叫"十三鳞""长寿龟"。

国家一级

糙齿海豚
Steno bredanensis
国家二级

糙齿海豚游速快,在水面逐波时背鳍清晰可见,能做水上"冲浪"和船首乘浪等动作,但不像其他海豚那样常见。它们被认为具有互惠利他行为,比如在受伤海豚的下面游动,帮助上方的海豚浮向水面呼吸。

东亚江豚
Neophocaena sunameri
国家二级

东亚江豚体型较小,头部较短,近似圆形,觅食的时候首先快速游动,多为深潜,露出水面频繁,呼吸声也较大,可在水面激起数十厘米高的涌浪。东亚江豚在象山韭山列岛自然保护区内的海域中多有发现。

中国鲎
Tachypleus tridentatus
国家二级

暖水性近海节肢动物,生活在水深 40 米到潮间带之间的沙质海底,一般以蠕虫、薄壳小贝类、海豆芽、动物尸体及有机碎屑为食。具有越冬和产卵的洄游习性,每年 11 月由浅海游向深水区越冬,次年 4—5 月又向浅海游动进行生殖洄游。

水獭
Lutra lutra
国家二级

水獭体型细长,四肢短而圆。它的鼻孔和耳道生有小圆瓣,潜水时能关闭,防水入侵。由于过度捕杀、生境破坏等原因,水獭分布范围已退缩至少数碎片化的栖息地。但在象山韭山列岛,水獭仍被多次发现。

银鲳 *Pampus argenteus*	斑头肩鳃䲁 *Omobranchus fasciolatoceps*	笔状多环海龙 *Hippichthys penicillus*
褐菖鲉 *Sebastiscus marmoratu*	大黄鱼 *Larimichthys crocea*	弹涂鱼 *Periophthalmus modestus*
紫海胆 *Anthocidaris crassispina*	日本缨鳃虫 *Sabellastarte japonica*	等指海葵 *Actinia equina*

三疣梭子蟹		黑斑口虾蛄	
Portunus trituberculatus		*Oratosquilla kempi*	
天津厚蟹	弧边招潮蟹		痕掌沙蟹
Helice tientsinensis	*Uca arcuata*		*Ocypode stimpsoni*
瘤荔枝螺	粒花冠小月螺		红条毛肤石鳖
Reishia bronni	*Lunella coronata granulata*		*Acanthochiton rubrolineatus*

纵条矶海葵 *Diadumene lineata*	龟足 *Capitulum mitella*	曼氏无针乌贼 *Sepiella maindroni*
缢蛏 *Sinonovacula constricta*	海月水母 *Aurelia aurita*	

第四章

壮阔万代
弦歌不辍

遗 传 多 样 性

遗传多样性是品种创新的基础和源泉,也是支持农林牧渔业发展的重要战略资源。在种质资源保育和利用过程中,对种质资源遗传多样性的有效利用,将为优化品种选育和农业生产提供更强的竞争力和适应能力。丰富多样的生态系统和物种类型为宁波市的遗传多样性提供了充分的基础,也为宁波孕育了丰富的种质资源。

目前,宁波市已建立了多个农作物种质资源保护库(场),例如:象山柑橘种质资源库、奉化水蜜桃种质资源圃等。岔路黑猪、北沙牛等4个畜禽种质资源入选省级畜禽种质资源保护名录,浙东白鹅已建立国家级保种场。另外,象山港蓝点马鲛国家级水产种质资源保护区已成为国家级水产种质资源保护区,象山港湾水产苗种有限公司是国家级大黄鱼良种场。

第一节
农作物

　　宁波农耕文化源远流长,农作物种质资源丰饶繁多,千百年农事积淀孕育了众多特色农作物,遗传多样性蔚为壮观。近年来,宁波市大力实施"4566"乡村产业振兴行动,壮大了现代种业、精品果业、茶产业、花卉竹木、中药材等高效益、高质量的特色优势产业,有力促进了绿色都市农业强市建设。目前,宁波省级特色农产品优势区达15家,总数居全省第一。

余姚、慈溪杨梅

余姚市和慈溪市是我国著名的杨梅之乡，两地杨梅均获评中国国家地理标志产品。余姚杨梅品种资源丰富，2008年在境内丈亭镇建有中国杨梅种质资源圃，保存有杨梅品种资源120余个，其中本地资源20余个，是全国杨梅资源品种（品系）最全、规模最大的杨梅种质资源圃。慈溪杨梅别有风味，有17个品种，以闻名遐迩的"荸荠种"和"早大种"杨梅为主。慈溪市横河镇杨梅种植面积3.8万亩，年产量近2万吨，该镇杨梅的种植面积和产量均居全国各镇乡之冠，1996年被原国家林业局命名为"中国杨梅之乡"。

奉化芋艿头

据《奉化县志》记载，芋艿头在宋代已有种植，距今有700余年历史。明清时期，萧王庙境内前葛一带已广为种植。1996年，萧王庙被国务院研究发展中心、中国农学会《中国特产报》联合命名为"中国芋艿头之乡"。

奉化芋艿头是奉化，也是宁波的传统名特优无公害农产品，其形如球，外表棕黄，顶端粉红，单个重达1千克以上，且个大皮薄，肉粉无筋，糯滑可口，既是蔬菜，又是粮食，可烘蒸、生烤、热炒、白切、做糊、烧汤、煮冻。若烘蒸，其香扑鼻；若煮汤烧羹，爽滑似银耳，糯如汤团。

奉化水蜜桃

奉化水蜜桃,为奉化特产,也是中国国家地理标志产品。奉化水蜜桃被誉为"中国之最",有"琼浆玉露,瑶池珍品"之誉,并以其果型美观、肉质细软、汁多味甜、香气浓郁、皮薄易剥、入口即溶而享誉全国。

据史料记载,奉化栽桃已有2000多年历史,水蜜桃已经成为奉化区的传统名果,也是中国四大传统名优桃之一。1980年农业出版社出版的《落叶果林分类学》一书,称奉化水蜜桃是"我国水蜜桃中最有名的品种";国内外桃子专家也一致评价"奉化水蜜桃品质为全国之最,堪称中国第一桃"。

宁海白枇杷

宁海白枇杷,宁海县特产,全国农产品地理标志。果实圆形至长圆形,平均单果重35克左右;果面淡黄色、锈斑少,皮薄易剥;果肉乳白色,肉质细嫩、入口易化,汁多味鲜、清甜爽口,风味佳美。作为国家级林木推广良种,宁海白枇杷不仅果大、含糖高,还核小肉多,风味浓郁,被誉为"宁海一宝"。

近年来,通过国家农产品地理标志登记保护及地理标志证明商标注册,宁海白枇杷的品牌价值显著提升,成为宁波农产品的一张闪亮名片,助力农业增效、农民增收。

浙贝母

浙贝母,百合科贝母属多年生草本植物,作为中药材中的瑰宝,其药用价值源远流长。性味苦寒,归肺、心经,浙贝母在清热化痰、散结消肿方面有着卓越的疗效,被列为"浙八味"之首。

自古以来,它就是中医临床常用的药物之一,被多部中医药典籍所记载。在现代医学研究中,浙贝母也被用于治疗呼吸系统疾病、肿瘤等。其深厚的文化底蕴和广泛的医疗用途,使其在中医药领域占据着举足轻重的地位。宁波市海曙区是目前全国唯一的"浙贝之乡"和"原产地标记"注册保护地。

象山红美人

象山红美人,果实外皮光滑细腻,色泽鲜艳诱人,切开后更是汁水四溢,果肉细嫩无渣,甜中带酸,风味独特。作为柑橘界的"皇后",以其卓越的品质和独特的口感赢得了无数消费者的喜爱,获评国家地理标志保护农产品,多次获得中国国际农业博览会"名牌产品"。

象山红美人是象山县晓塘乡引进的,经过多年改良培育,稳定下来的一种橘橙类水果,已逐步成为当地农民增收的重要来源。同时,象山红美人凭借其卓越的品质和品牌影响力,成为了中国柑橘产业的一张闪亮名片。

第二节

畜禽类

畜禽遗传资源是现代种业创新与农业可持续发展的基石,近年来,宁波市全面落实中央、省、市农业农村工作会议精神,紧盯目标、落实责任、细化举措,为推进"五位一体"农业农村现代化协同发展提供坚强有力保障。多个畜禽遗传资源被列入《浙江省畜禽遗传资源保护名录》,浙东白鹅被纳入《国家畜禽遗传资源品种名录》。

宁海岔路黑猪

宁海岔路黑猪，因原产于宁海县的岔路区域且其全身被毛黑色而得名。据清代光绪《宁海县志》记载，岔路黑猪距今已有400多年的饲养历史，为浙江省14个地方良种猪之一，也是宁波市唯一的地方种猪。2009年被浙江省农业厅确定为27个省级畜禽遗传资源保护品种之一，并被列入《中国畜禽遗传资源志（猪志）》。2017年被评为浙江省猪肉十大名品，"岔路黑猪"商标被认定为国家地理标志证明商标。截至目前，宁海岔路黑猪总存栏3519头，其中种猪存栏998头，保有7个家系。

北沙牛

北沙牛是宁波市特有的役肉兼用型畜牧良种，曾被列入濒危品种，几近灭绝。为保留北沙牛种质资源，2012年北沙牛保种场落户鄞州，启动实施了北沙牛冻精与胚胎遗传物质的采集与保存工作。保种场利用生物技术保存北沙牛种质资源，目前已采集保存冻精4630支。北沙牛冻精和冻胚等遗传物质的采集和保存大大降低了种群保存的费用和疫病风险，相当于延长了公牛、母牛的配种年限和种用价值，为下步优化北沙牛种群结构，丰富宁波市家畜遗传多样性奠定了基础。

奉化水鸭

目前，奉化水鸭核心群母鸭存栏250只、公鸭存栏300只，扩繁群2600只，生产群8800只。奥纪农业科技有限公司联合省农科院、市农机畜牧中心等单位历时10年开展群体继代提纯复壮和资源保护工作，建立保种群，掌握模仿野生水鸭栖息地环境的驯化设施工艺与技术参数，同时开展奉化水鸭产蛋规律和产蛋性能、屠宰性能和蛋品品质研究，为品种选育、提高遗传潜力奠定基础。2017年，奉化水鸭被列入《浙江省畜禽遗传资源保护名录》。

象山白鹅

象山是白鹅之乡，是我国优良地方品种浙东白鹅的主产区。2002年以来，象山县将象山白鹅列为农业龙头型产业，着力在品牌建设、规模扩大、质量提升、加工推广等方面予以突破推进，目前已形成种鹅种苗生产、肉鹅饲养和鹅产品深加工的产业体系。象山白鹅作为我国优良的地方品种，其体型中等，体态匀称，肉质细嫩，经济性状优，入选国家农产品地理标志登记保护名单，并被列入《国家畜禽遗传资源品种名录》，分别获得国家地理标志证明商标和保护产品，并多次荣获全国、全省农博会金奖。

第三节
水产

宁波市,东海的璀璨明珠,坐拥得天独厚的海洋资源,孕育着无尽的水产宝藏,是水产养殖种质资源的天然摇篮。多年来,宁波大力投入养殖技术研究,目前已建成多个保种场与资源库,建设"蓝色粮仓",先后突破了岱衢族大黄鱼、小黄鱼等一些本地野生经济种类的采捕和繁育技术难题,银鲳、梅童鱼等全人工繁育技术填补了国内空白。"甬字号"优质水产苗种声名鹊起,优质种质资源逐步转化为经济资源,从宁波本地走向全国各地,带动水产养殖全链式发展。

岱衢族大黄鱼

自20世纪90年代以来，随着渔业资源的枯竭，这种鱼类已形不成鱼汛，致使野生大黄鱼一鱼难求。为此，宁波市于2007年始启动了岱衢族大黄鱼原种开发和种质资源保护工作，专门成立了"野生岱衢族大黄鱼采捕"攻关小组。2008年5月，攻关小组采用特制的小对网作业方式，成功地在岱衢族大黄鱼原产地岱衢洋采捕到8尾可繁殖的野生原种活体。宁波市已成功培育出苗种1450余万尾，为岱衢族大黄鱼养殖提供优质苗种。目前象山港湾水产苗种有限公司已成为国家级大黄鱼良种场。

宁波市岱衢族大黄鱼和宁波市已分别获得国家农产品地理标志和"中国生态大黄鱼（岱衢）之乡"荣誉称号。

蓝点马鲛鱼

象山港蓝点马鲛国家级水产种质资源保护区于2010年11月获农业部批复，位于被誉为"国家级大鱼池"的宁波市象山港内。

象山港是东海区域蓝点马鲛的主要繁殖场之一。每年清明前10天左右，蓝点马鲛鱼从舟山海域进入象山港，亲鱼洄游入港后性腺成熟，并产卵产精完成体外受精。受精卵发育形成的仔鱼、稚鱼以摄食其他鱼的仔鱼或其同类为食，在象山港内生长。7月上旬象山港内水温上升时，大部分马鲛鱼亲鱼和幼鱼都向外海洄游。近年来，象山县逐年加强了海上执法的工作力度，并开展了蓝点马鲛鱼增殖放流工作，在保护区内建成了50公顷的象山港海洋牧场示范区，使得保护区内主要保护对象资源量有所恢复。

大竹蛏	小黄鱼
海蜇	真鲷
日本对虾	黑鲷
曼氏无针乌贼	梅童鱼
鲈鱼	带鱼

第五章

多彩生物
多样生活

生物多样性体验地建设

打造生物多样性体验地是宁波市探索将生物多样性资源合理保护利用与推进共同富裕建设相融合的一次积极尝试。2022年,宁波市启动生物多样性体验地建设,目前成功建成5个省级生物多样性体验地、20个市级生物多样性体验地。

这些体验地各具特色,生物资源丰富,具有丰厚的景观观赏、教育属性、文化传承等可持续利用价值,将极大推动生物多样性保护与生态旅游、自然教育等的深度融合。

宁波市生物多样性体验地汇总表

地　区	名　　称	授牌时间
（一）省级生物多样性体验地		
海曙区	宁波海曙龙观生物多样性友好体验馆	2022 年
北仑区	宁波海洋生物多样性体验地	2023 年
鄞州区	周尧昆虫博物馆	2023 年
前湾新区	杭州湾湿地生物多样性体验地	2023 年
奉化区	奉化云上大堰生物多样性体验地	2024 年
（二）市级生物多样性体验地		
海曙区	宁波海曙龙观生物多样性友好体验馆	2022 年
镇海区	宁波植物园	2022 年
北仑区	宁波海洋生物多样性体验地	2022 年
鄞州区	宁波野生动物园	2022 年
鄞州区	周尧昆虫博物馆	2022 年
宁海县	宁海县海洋生物博物馆	2022 年
象山县	象山花岙岛海上生物多样性体验地	2022 年
前湾新区	杭州湾湿地生物多样性体验地	2022 年
奉化区	大堰镇箭岭生物多样性体验地	2023 年
鄞州区	天宫庄园植物世界生物多样性体验地	2023 年
象山县	中国海洋渔文化馆生物多样性体验地	2023 年
江北区	达人村生物多样性体验地	2023 年
宁海县	宁海县力洋镇海头村花开海头博物馆	2023 年
余姚市	四明山国家森林公园生物多样性体验地	2023 年
慈溪市	慈溪坎墩大学生农业众创园生物多样性体验地	2023 年
镇海区	九龙湖湿地公园生物多样性体验地	2023 年
慈溪市	慈溪现代农业示范园生物多样性体验地	2023 年
海曙区	龙观生物多样性友好教育基地	2023 年
奉化区	章胡海洋文化馆生物多样性体验地	2023 年
北仑区	钟观光故居展览馆生物多样性体验地	2023 年

宁波海曙龙观生物多样性友好体验馆

龙观生物多样性友好体验馆位于海曙区龙观乡乌头门,面积约3000平方米,分为主馆、森林剧场及室外展区三个部分。体验地通过绘制"海曙区(龙观)生物可保护数字地图",搭建沉浸式VR体验场景应用,是一个集海曙区生物多样性本底调查结果、海曙(龙观)地方特色动植物标本展示及生物多样性文创产品开发等功能于一体的综合性展示体验科普馆。体验地现已被纳入龙观乡生物多样性研学课程的首发站,体验者可在此参与科普学习、沉浸式体验和实践学习等多类型的研学课程。

宁波海洋生物多样性体验地

宁波海洋生物多样性体验地位于北仑梅山海洋科教园内,面积约3000平方米,包含"家国海洋""科创海洋""生态海洋""人文海洋"四大主题板块。体验地内有珊瑚礁生态缸、水母缸、海马缸、棘皮动物缸、节肢动物缸等46个主题缸,养殖海洋生物100余种,展出蠵龟、达氏鲟以及贝类、鱼类、节肢动物、棘皮动物等生物标本数百件。体验地运用VR、AR、3D等数字技术和设备,打造沉浸式学习体验环境,拥有主题教室10间,配备了完善的教学设施和先进的科研仪器。

周尧昆虫博物馆

周尧昆虫博物馆于2021年迁建至鄞州公园二期，总面积2760平方米，是浙江省唯一的昆虫主题自然类博物馆，也是集名人纪念馆与自然科学类博物馆于一体的特色博物馆。馆内展陈分为"昆虫学泰斗""昆虫大世界"两大展示主题。展陈形式有实物加模型、图片加影像、多媒体互动、生态活体养殖等多种形式，并设有我国首例切叶蚁生态展示装置。博物馆有"探寻自然""感悟生物""描绘生命"等生物知识与艺术类相结合的体验课程，也有生物多样性与非遗结合，生物养殖、生物实践等各类课程。

杭州湾湿地生物多样性体验地

杭州湾湿地生物多样性体验地位于杭州湾跨海大桥南岸西侧，总面积63.8平方公里。室内设施主要为候鸟博物馆，立足鸟类深度体验，分为"飞越中国""迁徙之谜""留梦杭州湾"三大展区。户外设施以自然湿地资源为特色，结合湿地植物、鸟类、鱼类打造出水禽体验区、鱼类长廊、鸻鹬类高潮停歇地等户外自然体验场域。体验地现已形成"走进湿地""湿地鸟趣""湿地绿影"三大部分课程架构，并以独立营、科普宣教、亲子营的形式开展相应课程，让不同年龄群体都可走进湿地、体验湿地生物多样性之美。

奉化云上大堰生物多样性体验地

大堰镇箭岭生物多样性体验地位于奉化区大堰镇箭岭村,主要区域有有机世界公益科普展览,分为活体生物区和数字媒体区,可开展"飞向云端""生生不息"等活动。体验地内的生物多样性展厅以《大堰秋冬日记》影片为载体,展现了大堰森林、湿地、水陆生态系统,用拓印、滴胶、模拟声音等趣味性方式展现生物多样性。

宁波植物园

宁波植物园位于镇海新城,占地面积1800亩,拥有植物近5000种,包括普陀鹅耳枥、珙桐、银缕梅等110多个珍稀濒危物种,设置有木兰春色园、樱花海棠园、兰园、月季园、水上森林等十七个植物专类园。现已开发完善"植物进化之路探究""植物园拾秋""千姿百态的花朵"等多种类型的体验课程。

宁波野生动物园

宁波野生动物园坐落于东钱湖旅游度假区,汇集了来自全球的200多种、近万头(只)珍稀动物。园区以生物多样性科普教育为重点,创新性地推出了多个动物科普讲解和"冰"上飞虎、鹈鹕展翅和犀鸟放飞等动物行为展示项目,受到广泛关注与好评。

宁海县海洋生物博物馆

宁海县海洋生物博物馆新馆坐落于宁海湾新游客集散中心二楼,展厅面积约1000平方米,主要有珊瑚类、贝类、鱼类、藻类、棘皮类、甲壳类等展区,以及"神奇的海洋生物——海洋生物标本展""一鲸落万物生——大型抹香鲸骨架展示"两大陈列主题,展陈有2500多件海洋生物标本。

象山花岙岛海上生物多样性体验地

象山花岙岛海上生物多样性体验地位于象山县南部的三门湾口洋面上,本岛面积16平方公里。花岙岛具备良好的环境资源、自然景观和人文优势,被誉为"海上仙子国、人间瀛洲城"。体验地具有丰富的物种,目前共记录到鸟类共16目46科96属157种。

天宫庄园植物世界生物多样性体验地

宁波天宫庄园植物世界生物多样性体验地位于鄞州区下应街道湾底村,主馆分区展示了热带、亚热带、热带雨林、沙漠地区等不同气候下的植物奇特景观。主馆之外设有30多万平方米桑果园、涵盖200多种药用植物的中华药用植物园等园区,聚集了丰富的植物资源。

中国海洋渔文化馆生物多样性体验地

中国海洋渔文化馆面积约6000平方米,位于象山县渔港南路。馆内集展览展示、互动体验、文化交流等内容于一体,以象山海洋渔文化为主线,以科技为手段,以历史演绎为载体,充分展现象山以海为生、与海共荣的海洋文化发展历程和我国海洋渔文化的多样性、丰富性。

达人村生物多样性体验地

达人村生物多样性体验地位于江北区畈里塘村,总占地面积628余亩。体验地利用自然田园资源,设有百果园、百菜园、花卉培育基地、动物园和生态植物长廊等体验场地,并设有动物研学、农业作物研学、百果研学、百花研学、昆虫研学等百余个研学体验课程。

宁海县力洋镇海头村花开海头博物馆

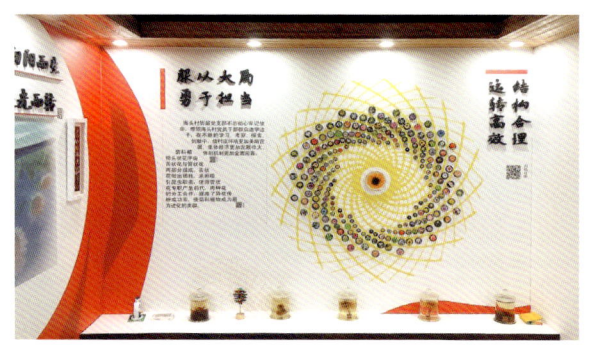

宁海县力洋镇海头村花开海头博物馆位于力洋镇海头村,是全国首个村级菊科植物博物馆。博物馆结合村史、党史、廉政等内容,分设"菊映党性""菊育根脉""菊咏清廉""菊润民生""菊颂英豪"五个展馆。馆内体验课程有"菊田巡梦"等乡村研学活动。

四明山国家森林公园生物多样性体验地

四明山国家森林公园生物多样性体验地处于四明山腹地，该地有植物近千种、动物106种，有常绿阔叶林、柳杉长廊、金钱松林、柏木林、黄山松林、万亩红枫林等各类景观。当地研学体验有参观大湖头植物基地、采摘猕猴桃、植物科普等。

慈溪坎墩大学生农业众创园生物多样性体验地

慈溪坎墩大学生农业众创园生物多样性体验地以慈溪市坎墩街道大学生农业众创园为主体，研学基地主要分为学生研学体验馆、研学市集（露天广场）和主创农场，体验项目从非遗、美食、手作、观景四个部分切入，让体验者感受乡野返璞归真的快乐。

九龙湖湿地公园生物多样性体验地

九龙湖湿地公园生物多样性体验地位于九龙湖旅游度假区,面积44.35平方公里。体验地内山水环绕,动植物种类繁多。游客沿着体验地内猴岛、亲水栈道、健身步道、湿地公园观景台的游览路线,可以与各类植物、猴子、水生生物、鸟类等多种生物进行亲密互动。

慈溪现代农业示范园生物多样性体验地

慈溪现代农业示范园生物多样性体验地位于慈溪中心城区的东北部。体验地汇集了养生湖、樱花栈道、紫藤长廊、阳光大草坪、百果园、海棠春坞、马褂木林、花溪、樱花岭等景点,集聚华东沿海适生树种,如广玉兰、黄山栾树、重阳木、湿地松等500余个物种。

龙观乡生物多样性友好教育基地

龙观乡生物多样性友好教育基地位于龙观乡中心学校内,面积约5000平方米,主要体验设施有科普长廊和实践探索区。科普长廊用于定期开展生物多样性的科普宣传活动。实践探索区又分为"昆虫记""飞鸟集"和陶艺坊三个区块,可开展生物多样性体验活动。

章胡海洋文化馆生物多样性体验地

章胡海洋文化馆生物多样性体验地位于奉化区莼湖街道章胡村,总建筑面积765平方米,内设大型海洋生物、中小型海洋生物、微小海洋生物三个标本展示区。主展厅共有12种大型鱼类标本。微小海洋生物标本展示区主要展示了棘皮类、软壳类、节肢类和藻类四种海洋生物共计78个标本。

钟观光故居展览馆生物多样性体验地

钟观光故居展览馆生物多样性体验地坐落于柴桥街道大溟村,占地1824平方米,共有六个展厅介绍植物学教授钟观光生平事迹,展出了35件标本,设置有植物科普互动小游戏以及社交课堂。体验地开设有植物拓色画,制作植物书签、植物标本、干花灯笼、花草蛋等体验课程,并开发"重走观光路"研学路线。

第六章

和谐共生
大美宁波

生物多样性保护重大工程

立足宁波自然资源本身,坚持山水林田湖海一体化保护和系统治理,加快优化生态空间布局,完善生物多样性保护体系,宁波市深入实施一批生物多样性保护重大工程,坚定迈出"绿色和谐"步伐,绘就一幅幅生机勃勃的生态"画卷"。

千万亩森林质量精准提升工程

千万亩森林质量精准提升工程重点实施战略储备林、美丽生态廊道和健康森林三大建设，是提高森林蓄积量、增强森林碳汇能力的重要路径。2021年，宁波市全面启动省千万亩森林质量精准提升工程，三年来林木蓄积量增加了263万立方米，国有林场和重点区域公益林、天然林质量大幅提升。2022年，余姚市完成森林质量精准提升28456亩，其中战略储备林7120亩，美丽生态廊道15255亩，健康森林6081亩。接下来，宁波市将会科学开展国土绿化活动，持续推进省千万亩森林质量精准提升工程，建设一批省林业碳汇先行基地，做大做优森林碳库。

江北区慈城镇毛岙村

四明山林区

互花米草生态治理工程

互花米草，禾本科、米草属，是一种多年生草本植物，同时也是全球最危险的100种外来入侵植物之一。浙江省互花米草入侵面积约30万亩，其中宁波市分布面积最广，达20万亩左右。2023年，宁波市印发了《宁波市互花米草防治攻坚战三年行动方案（2023—2025年）》，全面启动互花米草污染防治攻坚战，遏制互花米草扩散态势，维护湿地生态安全。目前，宁波市（象山）海洋生态保护修复工程项目——互花米草治理已接近尾声，修复范围达1740公顷，涉及岸线达76公里，底栖生物增殖效果逐日明显，改善了象山海岸带生态系统质量。

象山县滩涂

象山县海岸互花米草现状

蓝色海湾生态修复工程

梅山湾

2016年，宁波市启动蓝色海湾整治行动。这是国家首批"蓝湾"项目，总投资5.18亿元，其中中央财政支持4亿元，分别在梅山湾实施象山港梅山湾综合治理工程、象山县花岙岛实施生态岛礁建设项目。2018年，宁波市启动"宁波市海岸线整治修复三年行动计划"。至2020年，宁波市已整治修复海岸线110.7公里，超额完成了三年行动计划。2022年，宁波市（北仑）海洋生态保护修复项目获中央财政支持1亿元，在梅山湾实施互花米草治理工程、梅山湾生态浮床工程、梅山岛水系生态治理工程。宁波市通过蓝色海湾整治行动和海岸线整治修复行动，逐步实现"美丽港湾、生态岛礁、绿色海岸"的海洋生态文明建设目标。

蓝色海湾整治行动 —— 梅山湾

海洋牧场建设工程

宁波海域地处长江口和杭州湾南侧，处在多种海流的交汇处，衔接舟山渔场、大目洋渔场和渔山渔场，是渔业资源最丰富的海区之一。从2004年起，宁波市开始探索渔山列岛海洋牧场建设，连续多年实施鱼类、贝类等苗种的大规模增殖放流行动。"十二五"期间，在白石山群岛、渔山列岛附近海域开展海洋牧场建设，投放人工鱼礁1115个，鱼礁单体超33550立方米。2018年，渔山列岛海域被列入首批国家级海洋牧场示范区，建设总面积2250公顷。2023年，象山县创新探索"海上风电＋海洋牧场＋海洋旅游＋蓝碳经济"融合发展新模式，实施向海图强的"蓝色新实践"。接下来，宁波市将持续推动传统渔业向现代渔业转型，重点推荐绿色低碳的养殖模式，实现海洋牧场减排升级。

位于象山港海洋牧场试验区中的深水围网

渔山列岛

珍稀濒危野生动植物保护工程

国家一级重点保护野生动物镇海棘螈为宁波市所独有,数量极少,野生种群数量不超过六百尾,被世界自然保护联盟(IUCN)评定为极危物种。宁波市重点实施"镇海棘螈原生地保护"项目,开展系统科学的保护和研究,成功开展人工繁育1700余尾。国家一级重点保护野生动物中华凤头燕鸥也是IUCN红色名录极危物种。2013年3月,宁波市联合浙江自然博物院、美国俄勒冈州立大学在铁墩岛上实施了中华凤头燕鸥监测与招引项目,重建并恢复中华凤头燕鸥和大凤头燕鸥的繁殖种群。2022年,落于招引保育场的中华凤头燕鸥成鸟数量达到近百只,刷新了该鸟种一次观测数量最多的世界纪录。保育场孵化成功36只中华凤头燕鸥幼鸟,创下了新的世界纪录。

生物多样性观测网络

近年来，宁波市围绕生物多样性长期动态观测，打造了包括1个生物多样性保护研究发展中心、4个生物多样性综合观测站和超过30个野外观测场的全域生物多样性观测网络。

宁波市生物多样性保护研究发展中心以宁波市生态环境科学研究院为技术依托单位，中心实验室面积500平方米，设备投入3000余万元，设有博士后科研工作站，主要职能是协助管理部门谋划全市生物多样性保护顶层设计和标准化建设，推动生物多样性研究、保护和宣传，长期从事生物多样性本底调查和观测评价。

宁波（鄞州）城市生物多样性综合观测站坐落于浙江天童国家森林公园，依托单位为华东师范大学。2005年获准加入首批国家生态系统野外观测研究网络。该观测站实验等设施完善，面积2675平方米，是开展城市和森林生态系统生物多样性状况观测研究的一线平台。

宁波市杭州湾湿地生物多样性综合观测站设在杭州湾国家湿地公园，依托单位为中国林科院亚热带林业研究所。站内有科研用房680平方米，固定观测场8个，是开展湿地生态系统结构功能长期观测和科学研究的重要平台。

宁波（象山）海洋生物多样性综合观测站坐落于宁波市象山县西沪港，由宁波市生态环境科学研究院和宁波市甬环苑环保工程科技有限公司联合共建，包含1座主站区和6个位于周边重要生态敏感区的野外观测场，为保护海洋生物多样性、珍稀濒危物种长期定位观测提供可靠的观测平台。

宁波（北仑）海湾生物多样性综合观测站位于宁波市北仑梅山湾新区，依托单位为宁波海洋研究院，主站区面积约800平方米，包括实验操作区、标本样品储藏区等，并在梅山湾区域根据鸟类、潮间带生物、滨海湿地等典型海洋生态环境设置3个观测场，是港湾生物多样性保护和观测的重要平台。

第七章

砥砺深耕
奋楫笃行

展 望 未 来

我们将坚持以习近平生态文明思想为指引,认真贯彻落实党中央、国务院和省委的部署安排,按照市委、市政府作出的建设生物多样性友好城市的目标要求,将生物多样性保护理念融入生态文明建设全过程,加快建设人与自然和谐共生的大美宁波。

一是完善高效统筹的推进体系。完善生物多样性保护政策法规，开展宁波市生物多样保护立法调研。建立生物多样性保护协调机制，形成党委领导、政府主导、部门齐抓共管、社会广泛参与的保护格局。研究制定《宁波市生物多样性保护战略规划和行动计划》，明确当前及到2035年我市生物多样性保护目标、重点任务和重大工程，推动生物多样性保护向纵深发展。

二是构建多向发力的保护体系。完成"1+23"自然保护地体系整合优化勘界定标，推进全域植物园建设，抓好现有废弃矿山生态治理，持续改善生物生存环境。继续做好中华凤头燕鸥等珍稀濒危动物抢救和种群恢复工作，有效缓解物种濒危程度。深入开展"绿盾"行动，严厉打击非法捕猎、采集、运输、交易野生动植物等违法犯罪行为。加强外来入侵物种防范，完成互花米草除治三年攻坚行动。

三是打造全域覆盖的监测体系。立足现有各级各类监测站点，整合打造"1+5+X"生物多样性监测体系（即打造1个生物多样性保护与利用研究平台，构筑森林、湿地、海洋、河湖、城市五类生态系统综合观测站，推进建设100个以上自然保护地和热点区域长期监测样地），支撑动态监测、本底调查、评估预警等工作。积极构建野生动植物种群和生物多样性变化数据管理系统，构建共建、共用、共享的交互平台。

四是创新持续发展的价值体系。依托丰富的生物资源和优美的自然景观，科学合理地谋划实施一批生物多样性关联EOD项目，形成"生物多样性 + 产业"共赢发展链条。推广海曙区龙观乡发展模式，依法合规开展自然教育、生态旅游、生态康养等经营活动，促进生物多样性保护与乡村振兴协同发展。依托高校和科研院所的资源优势，加强珍稀濒危物种繁育、生态系统恢复、生物资源开发利用等领域研究，提升生物多样性保护和可持续利用水平。

五是深化全民参与的行动体系。结合"国际生物多样性日""生物多样性体验月"等重要活动，依托生物多样性体验地

建设,广泛开展生物多样性保护相关法律法规、科学知识等宣传普及。推进鄞州区亲生物城区建设。探索"生物多样性保护回归人居环境改善"的生态城市路径,打造一批有标识性的生物多样性场馆公园;鼓励和支持社会资本参与生态保护修复,多渠道、多领域筹集保护资金,确保使用规范、高效。

生物多样性本底调查参与单位

生态环境部南京环境科学研究所

宁波市生态环境科学研究院

宁波市甬环苑环保工程科技有限公司

宁波海洋研究院

宁波海关技术中心

中国科学院动物研究所

中国科学院华南植物园

江苏省中国科学院植物研究所

淡水生态与生物技术国家重点实验室 —— 宁波实验室

上海辰山植物园

浙江自然博物院

周尧昆虫博物馆

中国计量大学

山东大学

浙江农林大学

浙江师范大学

杭州师范大学

温州大学

南京师范大学

华中师范大学

中南林业科技大学

东北林业大学

滁州学院

丽水学院

浙江省野生动植物保护协会野鸟分会

杭州市鸟类与生态研究会

宁波市野生动物保护协会

摄影作品作者（提供者）（按首字母排列，排名不分先后）

陈浩骏	陈青骞	丁　鹏	方亦午	费军翔	黄鸣柳	黄友平
蒋凯文	李博恒	李俊龙	李修鹏	林海伦	李　为	刘南忆
陆祎玮	毛思洁	千　里	商侃侃	沈国峰	施建庆	王　涛
王聿凡	邬宏尉	吴晓丽	项巾娑	杨　亮	张海华	张　媛
张志超	赵文姬	郑凯侠	周丹阳	朱亦凡		

物种学名依据

The Biodiversity Committee of Chinese Academy of Sciences, 2024
Catalogue of Life China: 2024 Annual Checklist, Beijing, China

特别鸣谢

全球环境基金（GEF）
宁波市住建局（宁波市绿色与碳中和城市项目管理办公室）
宁波市自然资源和规划局（市海洋局、市林业局）
宁波市农业农村局
宁波市各区（县、市）美丽办